K 한국 기적의 비결은 무엇인가?
발명 역사

K발명 역사

한국 기적의 비결은 무엇인가?

전쟁폐허에서 경제대국을 만든 한국
K반도체, K방산기술, K철강, K조선, K-POP 문화, K발명특허
실패를 통한 성공의 발명 아이디어창출비결

| 강 충 인 지음 |

학교발명
협회
추천도서

과학저술인
협회
추천도서

창의발명
협회
추천도서

해맞이미디어
발명특허신문

한국 기적의 비결은 무엇인가?

K 발명 역사

초판 인쇄	2025년 1월 25일
초판 발행	2025년 2월 5일
지 은 이	강충인
발 행 인	김춘기
발 행 처	(주)해맞이미디어
편 집	다담기획 김은주
등록번호	제320-199-4호
주 소	서울시 관악구 신사로 142
전 화	02-863-9939
팩 스	02-863-9935

ISBN 978-89-90589-91-0 93500

값 22,000원

　한국은 역사적으로 많은 발명품을 가지고 있었으나 정작 한국발명 역사를 체계적으로 제시된 것이 없었다. 『K발명역사』는 5,000년 한국 역사를 이어온 발명의 체계적인 계보를 제시했다는 점에서 찬사를 보낸다.

　한국은 온돌문화로 시작된 수많은 발명품을 고구려, 신라, 백제, 고려, 조선 시대에 개발 해 왔다. 이러한 한국발명역사를 정리한 책은 『K발명역사』가 최초이다.

　6.25 폐허 속에서 경제대국으로 K방산산업을 비롯하여 K철강산업, K조선산업, K항공산업, K반도체, K-pop, K-푸드, K문화 등을 한국의 기적이라고 부른다. 이러한 세계적 경쟁력을 창출하는 비결을 체계적으로 제시한 『K발명역사』가 학생들에 한국인의 자긍심과 민족성, 창조적 발명 사고를 심어주고 한국발명역사를 세계적으로 알려지는 기회가 될 것이다.

　발명역사는 개인이나 기업, 국가의 경쟁력을 평가하는 기준이 되고 있다. 과학교과서를 다수 집필했던 경험으로 볼 때, 『K발명역사』 책이 이러한 기준을 이끌어가는 길잡이 역할을 할 것이라 기대한다.

전)교육과학기술부 편수관 본부장
교육학 박사 이 규 석

2025년은 어떤 해인가?

을사늑약 120주년, 해방 80주년, 건국과 정보수립 77주년, 6.25 전쟁 75주년, 한일수교정상화 60주년, 이순신 탄신 480주년과 과학혁명으로 인류사의 운명을 바꾼 뉴턴의 만류인력법칙과 아인슈타인의 특수상대성원리도 1665년~1905년 을사년에 발표되었다.

이러한 시점에서 전문지 발명특허신문사에서 강충인 교수의 『K발명역사』를 출간하게 된것은 발명 역사적 의미가 크다.

저자 강충인 교수는 한국미래 발전을 위해 청소년, 기업체 등에서 발명특허 지식재산권 교육으로 일생을 바친 분이다.

21세기 화두는 당연, 발명특허라 해도 과언이 아니다.

특히, 1990년대 후반부터 시작된 디지털혁명은 산업혁명 이후 최단기간의 사회적 변혁과 물질을 창출 해 왔다.

이런 급변하는 시대속에서 세계 각국은 보이지않는 전쟁을 벌이고 있다. 바로 발명을 근거로한 특허이고 재산권이다.

나라마다 이에 대한 대비책은 물론 육성에 매진하고 있다.

발명특허에 관한 국내유일한 본지는 각 기관은 물론 변호사, 변리사 등 각 기업체 발명인들에게 정보의 장이 될 것이다.

『K발명역사』는 한민족의 긍지로 5,000년 발명역사를 최초로 정리했다. 이 책을 일반인, 과학자, 발명가, 연구자, 청소년, 기업인 등의 모든 분들에게 필독을 권장하며 발명아이디어 창출에 큰 도움이 되리라고 믿는다.

발명특허신문사 발행인 **김 춘 기**

K 산업발달의 비결은 무엇인가?

6.25전쟁의 폐허에서 세계 8위의 경제대국, 탱크 하나 없고 비행기한 대 없고 자체 생산한 자동차도 없던 후진국가가 세계 최강의 탱크, 비행기, 자동차를 생산한 비결은 어디에 있는가?

전쟁으로 폐허 된 1955년 국제차량제작소에서 제작한 "시발"자동차는 당시 미군으로부터 지프 부품 300여 대를 공급받아 조립하고 드럼통을 펴서 차체를 만든 트럭 형태의 차량이었다. 1950년대 포드자동차 회장, 헨리포드2세는 전쟁으로 폐허가 된 한국을 방문하였을 때 거리에 굴러가는 자동차를 보고 놀랐다.

한국자동차는 끝없는 도전을 통해 지속적으로 개발하여 자동차 생산 강국이 되었고 탱크를 개발하여 K-2흑표전차를 만들었고 K-9자주포를 만들었으며 FA-50 비행기 수출에 이어 초음속 KF-21비행기 생산과 세계 1위 한국지하철로 평가받고 있다.

본서는 한국경제발달과 과학발명의 비결을 개발도상국에게 제시하고자 한다.

1960년대: 자체 개발 차량 생산 시작 (새마을호)
1970년대: 현대 포니 출시, 해외시장 판매
1980년대: 자동차 산업 본격화로 국내시장 점유율 확산
1990년대: 세계적 자동차 기업으로 성장 (현대, 기아)
2000년대: 디자인 경쟁력 강화로 프리미엄 시장 진출
2010년대: 친환경 자동차 개발 및 시장 점유율 확대
                  (현대 코나, 기아 니로)
2020년대: 전기차 생산 판매, 자율주행차 개발

K 발명을 집필하면서

본서는 5,000년 한국역사를 통해 어떤 과학발명이 이뤄졌으며 이를 통해 한국민족에게 어떤 잠재적 능력이 오늘날 세계경제 대국으로 성장하게 되었는가를 고조선에서 고구려, 신라, 백제, 고려, 조선의 시대별로 정리하였다.

한국이 K방산산업, K철강산업, K조선산업, K반도체, K항공산업, K정보산업, K-POP, K푸드 등으로 세계적인 부흥을 일으키고 있는 비결이 무엇인가를 전통적 K발명역사를 통해 찾았다.

본서는 한국과학발명 역사를 통해 우수한 민족성을 세우고 역사관을 정립하여 한국인의 핏속에 흐르는 창조적 DNA에 대한 자부심과 잠재적 창작능력을 키워서 세계 첨단기술을 가진 경제대국으로 경쟁력을 창출하는데 있다.

필자는 한국발명교육 프로그램을 개발하여 체계적으로 보급했던 경험을 바탕으로 5,000년 과학발명역사를 고조선 다뉴세문경 발명품으로부터 최근의 반도체 첨단기술개발까지 핵심적 과학발명품의 대표목록을 작성하였다. 언제 무엇을 어떻게 발명하였으며 어떤 발명기법으로 만들어졌는가를 사례별로 분석하여 한국과학발명의 뿌리를 정리하였다.

한국발명은 철저한 과학적 관찰과 분석에 의하여 발명되었으며 수많은 실패를 통해 축적된 풍부한 기술력을 바탕으로 6.25 전쟁 폐허 속에서 경제대국으로 세계적 역사를 썼다. 첨단기술은 5,000여년의 과학발명기술에 의하여 새롭게 만들어지고 있다.

K 발명 역사 증명

고조선 다뉴세문경을 비롯한 고인돌, 고구려벽화 등의 기록자료와 유물 분석을 통해 5,000년 발명역사를 알아본다.

역사적 발명의 근거는 유물, 유적지, 문헌기록이나 그림, 조각에 묘사된 내용, 문화적 관습이나 이야기, 발견된 유물의 재료와 기기 등의 고고학적 발굴과 과학적 분석을 통해 증명되고 있다.

고인돌 배치를 분석해 달력으로 추정하고 있으며 동굴 벽화 기록을 통해 당시 생활상을 추정하여 고구려 시대 별자리 천문관측, 외과기술, 약초개발 등을 알 수 있다.

발명은 발견에서 시작된다. 모방으로부터 개발하여 과학적으로 발명한다. 고대부터 만든 토기그릇은 도자기로 발전했고 오늘날 다양한 그릇으로 개발되었다. 고구려 토기는 도자기처럼 규소를 사용했다. 규소는 반도체 핵심이다. 이처럼 한국발명역사는 한국을 경제대국, 반도체 선도국가, 세계 6위 방산국가로 만들었다.

한국경제는 기적이 아니다. 5,000년 과학적 발명기술과 문화를 기반으로 창출되었다. 본서는 이를 분석하여 국가와 개인, 기업에 과학적 발명기술의 중요성과 아이디어창출방법을 제시했다.

본서는 K발명 대표적 연대표를 통해 언제 무엇이 어떻게 창출되었고 이러한 과학적 발명이 미래산업에 어떤 영향을 주었는가를 살펴봄으로 한국민족의 과학발명기술 우수성을 인식하여 민족의 자부심과 창조적DNA에 대한 믿음으로 더욱 발전하기를 바란다.

K 발명 5,000년 대표적 연대표

시 대	발명품	기 술	문화/개발	K산업영향
고조선	다뉴세문경 비파형 동검	제련기술 디자인	청동기문화	반도체 설계 제철산업
	청동합금	주조기술	철기문화	철강산업
	표음문자	소통기술	소통문화	정보산업
	한국고인돌	천문기술	천문문화	천문산업
고구려	고구려 토기	도기기술	도기문화	도예산업
	방패연	항공기술	연 문화	항공산업
	갑옷, 농기구	제련기술	철기문화	철강산업
	비빔밥	융합기술	음식문화	정보산업
	김치,된장	발효기술	융합문화	K 푸드
	외과 도구	의료기술	건강문화	의료산업
신 라	첨성대	천문기술	천문문화	우주산업
	봉화대	통신기술	소통문화	인터넷
	신라선	선박기술	무역문화	조선산업
	금관공예	공예기술	공예무역	무역산업
	목판인쇄	인쇄기술	기록문화	인쇄산업
	하회탈	문화기술	민속문화	K 문화
백 제	백제도자기	도예기술	규소개발	반도체
	백제선	선박기술	무역문화	조선산업
	백제향로	공예기술	공예문화	공예산업
	백제 기악탈	소통기술	예술문화	K 문화
고 려	고려청자	도예기술	규소개발	반도체
	직지금속활자	인쇄기술	정보문화	출판산업
	신기전기	무기기술	방위문화	방산산업
	화포해전	무기기술	방위문화	방산산업
조 선	비거(날틀)	비행기술	군사문화	항공산업
	훈민정음	정보기술	소통문화	K 인터넷
	거북선	무기기술	방위문화	조선산업
	판소리	복합예술	예술문화	K 문화
	혼천의	천문기술	천문문화	우주산업
	자격루	과학기술	과학문화	천문산업

훈민정음 과학발명

언어는 인류발달의 근간이다. 표음문자는 고조선시대 소통수단으로 추측되고 있으나 신라 때부터 사용했던 이두문자처럼 한국어 발달의 뿌리가 되었다.

이두문자를 기반으로 한 훈민정음은 7,000여개 세계 언어 중 유일한 과학적 문자다. 이런 과학적 언어를 가진 민족이 한국이다.

한글은 문학, 예술, 과학, 발명 등의 다양한 분야의 기반이다. 한글로 기록된 과학 서적, 발명자료, 기술 정보 기록, 실험 자료, 논문 등은 과학 발명 지식 발전에 기초가 되어 과학자, 발명가들의 연구 활동을 촉진시켰다.

한글의 과학적인 체계는 한국인에게 논리적이고 체계적인 사고 방식을 키웠다. 이렇게 과학적으로 관찰하고 분석하는 습관이 오늘날 첨단과학기술 발달에 영향을 주었다.

한글은 소리와 글자가 일치하는 표음 문자이기에 과학 용어를 정확하고 명확하게 표현하는데 유리하다. 따라서 과학 개념을 정확하게 이해하고 기억하는데 도움이 된다. 한글의 과학적인 체계는 과학을 쉽고 재미있게 배우고 과학적 사고 능력을 키우는데 큰 영향을 준다.

한글은 천·지·인의 자연을 근본으로 만든 과학언어로 사물을 관찰하고 분석하는 방향을 제시함으로 과학을 기반으로 생각하고 개발하는 발명적 사고력을 심어 주는 언어다.

한글은 민족의 자긍심을 높이고 K문화의 창조성을 세계에 보급하는 과학언어로 과학 기술 개발에 대한 한국인의 자긍심이며 잠재적 능력을 표현하고 개발하는 과학발명 언어다.

K문화와 과학발명

K-Pop, K-Drama, K-Beauty 등의 K문화 바탕에는 과학발명이 있다. K문화는 단순히 엔터테인먼트를 넘어 한국 과학발명의 기술력을 바탕으로 만들어졌다. 궁중예술의 백제 기악탈을 비롯한 전통적 해학의 하회탈은 K문화로 이어져 왔다.

① K팝 무대 기술의 화려한 무대 연출과 특수 효과는 첨단 기술의 집약체다. AR, VR 기술을 활용한 무대 연출, 드론을 이용한 퍼포먼스 등은 과학 기술과 예술의 완벽한 조화로 만들어졌다.
② K드라마의 영상 기술은 고화질 카메라, 특수 효과, 컴퓨터 그래픽 등을 활용하여 역사적 사건과 경험을 바탕으로 사실적이고 몰입감 넘치는 영상으로 세계인의 관심을 받고 있다.
③ K뷰티는 자연 재료의 한방의약과 기술, 동의보감 등을 과학적으로 분석한 K뷰티 제품으로 한방 성분, 바이오 기술 등을 활용하여 인체에 안전하며 건강 화장품으로 인기를 얻고 있다.
④ K미용의술은 오랜 경험과 노하우로 자연스럽고 아름다운 결과를 만들어 높은 평가를 받는다. 특히, 눈, 코 성형, 지방흡입 등 다양한 분야에서 세계적인 수준의 기술력으로 인정받고 있다.
⑤ K-Food의 전통 발효기술은 한식의 세계화를 위한 다양한 과학적 연구로 발효 과정, 식재료의 영양 성분 분석 등을 통해 한식의 우수성을 과학적으로 증명되고 있다.

백제 기악탈과 하회탈의 이미지와 정신은 애니메이션, 게임, 뮤직비디오, 광고 등의 콘텐츠 개발과 탈춤 축제, 전통문화 체험 행사에 영향을 주었다. 특히, 백제 기악탈은 6세기 미마지에 의해 일본으로 전해져 일본 전통 예능에도 큰 영향을 주었다. 이러한 문화 풍습이 오늘날 한국의 전통적인 K문화의 기반이다.

다뉴세문경 디자인과 반도체 설계

고조선시대 다뉴세문경의 디자인은 공간설계다. 오늘날 반도체의 경쟁력은 공간설계에 있다. 이러한 다뉴세문경의 디자인은 한국반도체 설계에 영향을 주었다. 한국인의 뛰어난 공간설계 능력은 잠재적 유전에 의한 설계능력이고 손기술이다.

다뉴세문경 디자인 기술력은 반도체 첨단공정기술에도 커다란 영향을 주었다. 다뉴세문경과 반도체를 3가지로 비교 해 본다.

첫째는 미세 패턴과 정밀함이다.
다뉴세문경(원주 갈동5호 출토)은 14.6cm 공간에 다양한 문양을 섬세하게 새겨 넣은 미세한 조각 기술과 정밀한 디자인으로 설계되었다. 반도체 설계는 극히 작은 칩 위에 수십억 개의 트랜지스터를 배치하는 첨단기술과 공간설계로 만든다.
둘째는 복잡한 시스템 설계다.
다뉴세문경의 디자인은 단순한 장식이 아니라 우주 질서, 사계절, 사회구조 등을 상징한다. 반도체는 수많은 논리 게이트와 회로가 복잡하게 연결된 시스템으로 용량과 기능성을 만든다.
셋째는 최첨단 제조 기술이다.
다뉴세문경은 좁은 공간에 13,000개의 선으로 디자인했다. 이 기술은 반도체 설계와 제조기술로 발달했다.

1965년 미국의 고미 그룹이 한국에 합작투자회사를 설립하여 트랜지스터를 조립하고 생산하던 한국반도체 산업은 세계 1위 반도체국가가 되어 반도체 첨단기술 개발국이 되었다. 다뉴세문경의 디자인과 제조 기술은 미스터리이지만 오늘날 반도체 설계, 제조기술력이 되었다.

변화를 이끄는 발명

발명은 시대변화를 이끌어 왔다. 의·식·주 환경이 변했고 이에 따라 필요한 발명도 바뀌었다. 고조선시대의 발명이 조선시대에 바뀌었고 지금은 4차례 산업혁명으로 바꿔진 의·식·주 환경에 필요한 발명으로 미래를 이끌어 가고 있다.

이처럼 발명은 시대에 따라 바뀌어 왔고 미래를 바꾸고 있다.

한국발명 역사는 시대변화에 따라 다양한 발명으로 미래를 선도하고 있다. 5,000년 발명역사를 알면 시대변화를 알 수 있다.

고려시대의 신기전기를 기반으로 K방산산업을 이끌어가고 있는 것처럼 발명은 시대에 다른 새로운 발명품을 만든다. 이처럼 발명은 역사적 뿌리가 중요하다. 한국인은 발명문화 속에서 사물을 관찰하는 습관이 남과 다르다. 고조선 다뉴세문경에서 비롯된 발명이 생활문화로 이어져 오고 있다.

온돌문화는 한국인의 환경 적응 방법으로 만들어졌다. 오래전부터 온돌은 추위를 해결하는 생활풍습이었고 이러한 개발습관이 발명적 문화를 만들었다. 5,000년 이전부터 발명은 한국인의 생활습관이었고 다뉴세문경이 발명품의 시작이었다.

인류는 변화에 적응하는 민족이 역사와 전통을 이어왔다. 그중에 한국인은 변화에 적응하는 능력이 가장 뛰어난 민족이다. 수많은 외침에도 한국문화 뿌리는 흔들림 없이 지속적인 발전을 해 왔다. 그 중심에 5,000년 발명역사가 있다.

오늘날 6.25 폐허 속에 경제기적을 만든 비결에 세계가 관심을 가지고 있다. 본서는 K발명 역사로 이를 증명하고 이를 세계에 알리는 역할을 할 것이다.

모방에서 창조하는 한국과학 발명

혼천의, 자격루 등은 중국, 아라비아 등 주변 국가의 천문학 기술을 받아들여 한국인의 독창적인 방식으로 발명했다. 한국인의 창조적 DNA와 손기술은 무엇이든 한국에 적합한 방식으로 바꾸어 새롭게 만들어 내는 창조적 능력을 가지고 있다.

6.25 전쟁 발발 이후 남한의 전기 생산능력은 1953년에는 3만 kw이었다. 전기를 차단하면 남한은 암흑으로 뒤덮였다. 웨스팅하우스사가 한국 원자력 연구로 건설을 지원한 이후 한국형 원자력발전기술은 자체 개발로 세계적으로 인정받는 한국형 원자력을 수출하고 있다.

고려 때 발명한 세계최초 다연발로켓 신기전기를 현대에 적합한 한국형 K9자주포로 개발했고 선진 초음속 비행기술을 습득하여 한국형 KF21 초음속기를 개발했으며 다뉴세문경의 제련기술에 선진 제련기술을 발전시켜 세계최강의 철강 산업 국가가 되었다.

소형 모듈형으로 제작된 유연성과 경제성이 뛰어난 SMR 개발

한국은 선진 원전기술을 습득하여 한국형 소형모듈원전(SMR)을 개발했고 해수 담수화, 수소 생산 등에 원자력 기술을 활용한 원자력 융합기술을 개발하고 있다.

가장 짧은 시간에 첨단기술 선두국가로 부상한 한국의 기술력은 한국인의 손재주와 창조성 DNA에 있다. 본서는 한국인의 과학발명과 창의성을 아이디어로 창출시킨 교육방법을 제시함으로 지구촌 모든 국가의 발전과 행복에 도움이 되기를 바란다.

목 차

목 차

K INVENTION HISTORY

1장

K 발명역사 – 한국인에게는 어떤 비결이 있는가?

서론

한국인은 5,000년의 역사와 문화를 가진 민족이다. 700번이 넘는 침략을 받았으나 먼저 침략을 한 적이 없고 중국은 오랫동안 한국과 교류하면서 한국인의 기술과 창의성을 인정했다. 후백제인들은 일본에게 많은 기술을 전수했으며 선진기술을 습득하여 한국인의 특성에 맞게 끝없이 기술을 개발하였다.

한국인의 창의성은 역사와 문화로 이어져 오늘날 반도체를 비롯한 방산산업, 철강산업, 조선산업, 항공산업 등의 다양한 첨단기술 개발의 뿌리가 되었다.

1. K-창의성

인간의 생각은 환경과 조건에 의하여 만들어진다. 어떤 환경에서 어떻게 성장하는가의 조건에 의하여 각기 다른 생각을 한다. 특히, 창의성은 생활환경과 생활방식의 조건에 의하여 오랫동안 만들어지는 민족성으로 나타난다. 민족마다 혈통이 다르고 전통과 문화가 달라 생각하는 방식과 방향도 다르게 형성되는 것이다.

한국인의 창의성을 만든 환경적 요소는 삼면이 바다이면서 뚜렷한 4계절에 있다. 자연의 변화에 따라 생각을 바꾸고 변화에 대비하고 환경에 적응하는 능력이 습관화되었다. 이러한 지정학적 요인으로 환경과 조건을 조화시키는 능력이 한국인의 창의성을 키웠다. 따라서 4계절의 변화를 통해 다양하게 생각하는 방법을 생활속에서 습득하여 새로운 것을 만들어 내는 능력도 뛰어나다.

창의성은 개인의 특성으로 생활방식, 사고방식 등에 의한 습관과 긍정적이고 적극적인 성격과 행동에 달려있다. 한국인의 근면과 인내는 창의성을 만드는 충족 조건이 되었다.

창의성은 새로운 아이디어를 생각하고 문제를 해결하며 창조적인 작품을 만들어 내는 능력이다. 상상력, 혁신성, 독창성, 예술적 감각, 문제해결 능력 등으로 다양한 분야의 과학, 기술, 공학, 예술, 수학, 문학, 디자인, 비즈니스 등에서 발전과 혁신을 이끄는 창작능력이 생활 속에서 창의성 교육이 되어 왔다.

한국인의 창의성은 오랫동안 근면과 인내의 생활환경과 방식에 의해 전통적으로 이어온 역사적 배경이 있다. 따라서 한국인의 창의성 DNA는 시대변화에 적응하는 능력이 뛰어나다.

한국인 창의성의 역사적 배경

고조선 시대(기원전 2333년~기원전 108년)부터 청동기 기술과 천문관측 기술이 발달했고 독창적인 표음문자를 사용했다. 고조선때 사용했던 표음문자는 세계 7,000여개 언어 중 가장 과학적인 한글을 만든 기초가 되었다. 말과 글은 잠재적 창의성을 표현하는 수단으로 한글은 한국인의 우수한 창의성을 창출시켰다.

한국인의 기술적 발명역사는 고조선부터 이어져 고려시대의 금속

활자 발명, 조선시대의 거북선 제작 등으로 시대에 따라 필요한 것을
발명하였고 끊임없이 새로운 기술을 개발하고 개선하면서 다양한 기
술로 발달했다.

창의성은 문화와 연계되어 다양한 창작놀이에서도 신장되었다.
한국에는 다양한 민속놀이와 전통놀이가 유래되어 온다. 이러한 놀
이들은 단순한 오락이 아니라 창의력과 문제해결 능력을 키우는데 중
요한 역할을 했다. 특히, 전통적 하회탈은 유머스럽고 긍정적인 한국
인의 성격 형성과 적극적으로 자유로운 발상과 표현을 하는 생활문화
로 이어져 왔다. 생활 속에서 자연스럽게 생각하고 행동하는 창의성
교육은 기술개발로 이어졌다. 이것을 한국인의 장인정신이라 부른다.

도자기를 비롯한 다양한 분야의 장인정신은 오랫동안 이어져 왔다.
장인정신은 주변국가에 기술을 전수하기도 했다. 이를테면 백제문화
의 도자기는 일본도자기의 전통성으로 영향을 주었다.
한국 전통 발효식품으로 개발한 된장, 고추장, 김치, 홍어 등의 다양
한 숙성 음식은 K푸드 문화를 만든 창의적 사고력으로 세계시장에서
건강식품으로 평가받고 있다.

한국인의 역사적 창의성 유래

고대역사

고조선시대에는 청동기 기술발달, 천문관측 기술발달 그리고 독창
적인 문자 체계인 표음문자를 만들었다. 한글은 표음 문자로서 다른
언어와 구별되는 독창적인 특징을 가지고 있으며 한국인의 창의성을

상징하는 중요한 문화유산이다.

삼국시대에는 이러한 문화가 고구려, 신라, 백제의 독자적 문화와 예술로 발전했다. 고대 유적지인 남한산성, 불국사, 석굴암 등은 당시 사람들의 뛰어난 건축기술과 창의적인 예술적 감각을 보여주는 사례다. 금속활자 발명과 같은 과학기술이 발전했다.

중세

고려시대에는 도자기, 청자 등의 공예기술이 발달했다. 고려청자의 아름다움은 세계적으로 높은 평가를 받고 있다. 또한, 불교 문화에 의한 불교 건축물과 불상들이 만들어졌고 문화유산들은 한국인의 예술적 창의성을 보여주는 중요한 증거다.

조선시대에는 과학기술 분야에서 괄목할 만한 발전이 이뤄졌다. 발명가 장영실은 천문 관측기구, 측우기, 화포 등의 다양한 발명품을 만들었다. 한글이 보급되면서 문학과 예술 분야도 발전했으며 소설, 시, 그림 등 다양한 작품들이 창작되었고 이는 한국인의 정서와 가치관을 보여 주는 중요한 자료다.

근현대

근대화 과정에서 한국인은 서양의 기술과 문화를 받아들이면서 한국인의 독창성으로 창출되고 있다. 이러한 노력은 다양한 분야에서 창의성을 발휘하여 근대교육 시스템의 도입과 더불어 과학, 예술, 문학, 교육(STEAM) 등의 다양한 분야에서 한국인의 창의성으로 새롭게 창출되어 개인과 기업, 국가의 경쟁력이 되었다.

현대 사회에서 한국은 경제 성장과 사회 발전을 이루면서 세계적인 기술 선진국으로 거듭났다. 이러한 발전 과정에서 한국인의 창의성은 다양하게 분출되고 있다.

이를테면, 한국은 반도체, 조선, 자동차, 2차전지 등의 다양한 분야에서 세계 최고 수준의 기술력을 보유하고 있으며 최근에는 첨단바이오, 로봇, 인공지능, 우주항공 등 미래 성장 잠재력이 높은 분야에서도 빠르게 성장하고 있다.

정보통신기술(IT) 분야의 반도체는 세계적 선두 국가로 성장했으며 한국 기업들은 지속적으로 혁신적인 제품과 서비스를 개발하여 세계 시장에 진출했다.

한국인의 예술적 창의성은 대중문화 K-pop, K-drama 등으로 전 세계적인 인기를 얻으며 한국인의 창의성을 세계에 알리는데 기여하고 있다. 따라서 한국어도 세계적으로 각광을 받으며 글로벌사회의 소통언어로 급부상했다.

언어는 정보시대에 가장 중요한 요소이고 수단이다. 한글은 과학적 언어로 평가받으며 한글의 우수성은 인터넷문화에도 영향을 주고 있다. 인터넷은 문자를 통한 정보교류이기 때문에 과학적 한글이 정보교류에도 큰 역할을 하고 있다. 각자의 생각과 경험 등을 문자로 교류하는 시대에서 과학적 한글이 지니고 있는 정보적 표현과 전달은 미래 정보사회에 큰 역할을 하고 있다.

오늘날, 생성형AI 챗봇GPT는 방대한 정보를 수집분석하여 인공지능 데이터를 생성하고 있다. 한글은 정확한 정보수집과 분석에 효율적인 과학적 언어로 생성형AI 챗봇GPT에 적합한 언어다.

2. K-발명

한국 발명역사는 고조선부터 지속적으로 발달했다. 손재주가 뛰어나고 도전하고 개척하는 정신에 따라 문제해결능력도 뛰어났다.

고조선시대(기원전 2333년~기원전 108년)에는 청동기 기술 발달로 날카로운 칼날과 섬세한 장식의 비파형 동검을 만들었다. 다뉴세문경은 세계최고 수준의 청동 거울로 평가받는다. 유럽 학자들은 고조선 청동기를 "동양 청동기의 꽃"이라고 칭찬한다. 기원전 1,000년경 철기로 농기구, 무기, 도구 등을 제작했다.

고려시대는 금속활자를 비롯하여 "사천대" 라는 관청에서 일식, 월식, 혜성 등 다양한 천문현상을 관측하고 기록하여 정확한 역법을 만들어 농사시기를 결정하는데 사용하였고 신라의 첨성대는 동양에서 가장 오래된 천문대로 과학이 발달했다.

조선시대에는 천문 관측기구, 측우기, 화포 등의 다양한 발명품을 개발하였고 세계최고의 과학언어 한글이 창제되었다.

혼천의는 천체 관측기구로 1433년에 장영실과 이천 등에 의해 발명되어 하늘의 별자리와 운행을 관측하면서 우주에 대한 꿈을 키웠다. 자격루는 세계 최초의 자동 물시계로 1438년에 장영실과 이천 등에 의해 발명되었다.

앙부일구는 태양의 위치를 측정하는 기구로 1433년에 장영실과 이천 등에 의해 발명되어 농업, 항해, 시간 측정 등 다양한 분야에서 활용되었다. 앙부일구는 당시 세계에서 가장 정밀한 태양 측정 기구 중

하나다.

측우기는 비의 양을 측정하는 기구로 1442년에 장영실과 이천 등이
발명하여 농업 생산 계획을 세우는데 중요한 역할을 했다.

한국 철강기술의 발명역사

철강 제품은 자동차, 조선, 가전기기, 기계, 건설 등 모든 산업의 기
초소재로 실생활 전반에 영향을 주고 있다. 철강기술은 첨단기술 분야
를 이끌어 가는 첨단기술로 평가받고 있으며 한국 산업발달에 중추적
역할을 하고 있다.

인공지능로봇시대 한국 철강기술은 미래 산업의 중추적 기술로 부
상하고 있다. 가볍고 강한 철강 신소재 발명으로 인공지능 로봇을 비
롯한 우주산업의 첨단 철강기술로 발전하고 있다.

한국 청동기 유물은 기원전 1,500년경, 세형돌검을 비롯하여 다뉴
세문경 등의 섬세한 무늬와 독특한 형태로 유명하다. 고대 한국인의
예술적 감각과 창의력을 잘 보여주는 발명품이다. 이러한 주조기술은
오늘날 첨단제품을 생산하는 비결이 되었다.

한국은 지속적인 연구개발 투자로 항공, 우주, 의료 등 첨단 분야에
사용되는 고성능 합금 제조 기술을 개발하여 세계적 첨단 주조기술로
평가받고 있다.

한국 철강산업은 철광석과 철 스크랩을 녹여 쇳물을 만들고 불순물
을 줄인 후 연주 및 압연 과정을 거쳐 열연강판, 냉연강판, 후판, 철
근, 강관 등의 고품질 철강을 생산하는 기술로 오랜 역사적 기술력을

바탕으로 개발되고 있다.

한국 전통 철강기술 발명역사를 살펴본다면
초기 철기 시대(기원전 3세기경) 고조선 시기에 철기가 본격적으로 제작되기 시작했다. 당시 중국 동북지방의 철기 문화 영향을 받았다.
위만조선 시기에는 철기문화가 더욱 발전했으며 이후 한나라의 낙랑 설치로 철기기술이 한반도에 더욱 확산되었다.

고구려의 철기 제련기술은 괴련철을 사용하여 무기와 도구를 기원전 3세기경부터 제작했으며 기원전 1세기경부터는 고구려의 철기 제련기술이 크게 발전했다.
고구려가 괴련법, 답차법, 용광로법 등 다양한 제련 방법을 사용해 만든 갑옷과 철기는 뛰어난 방어력과 가공 기술로 유명했다. 따라서 고구려 기마병은 고대 동아시아에서 가장 강력하고 정예한 기병 부대로 평가 받았다.

가야는 변한 지역을 통해 괴련철을 수입하여 다양한 철제 무기와 농기구를 생산하여 중국과 일본에 철기 무역을 하였고, 특히, 가야 갑옷은 뛰어난 방어력과 가공 기술로 유명했다.

백제는 국가적 제철소를 설치하고 생산된 철기를 군사, 농업, 공업 등 다양한 분야에 활용했다. 백제 화살촉은 날카로운 날과 정밀기술로 제작했고 철갑을 착용한 기병 부대를 운용하여 강력한 군사력을 강화했다. 고구려와의 교류를 통해 철기 제련 기술을 발전시켰고 일본에 철제 무기와 농기구를 수출하기도 했다.

신라 후기에는 국가적 규모의 제철소를 설치하고 철제 낫, 삽, 가래 등을 생산하여 농업 생산력을 크게 향상시켰다. 신라는 목판인쇄술로 불교 경전을 대량으로 인쇄하는데 활용하며 한국 문화 발전에 크게 기여했다.

고려와 조선 시대에는 철강업이 더욱 발전하여 다양한 철제 무기와 도구를 제작하였다.

한국조선기술의 발명역사

한국 선박 역사는 약 8천년전 부터 시작된다. 삼면의 바다를 끼고 있어 선박기술이 더욱 발달했다. 신라시대 장보고는 선박으로 무역거래를 주도했으며 동남아시아 국가들과 교역을 했다.

고구려, 신라 백제시대에 삼국은 각기 다른 배를 만들었다. 고구려의 고란선, 백제의 선라선, 신라의 판옥선이다. 3가지 배는 각기 다른 특성을 지니고 있으며 고구려는 공격선으로 백제, 신라는 무역선으로 기능을 발휘했다.

고구려, 백제, 신라가 사용해 왔던 배를 기반으로 만들어진 것이 세계최초의 철갑 거북선이다. 거북선은 한국 조선 기술력의 발전을 보여주는 상징적인 존재다. 이러한 조선기술이 한국을 세계최고의 조선기술국가로 만든 비결이다. 거북선은 세계최초로 갑판을 뚜껑으로 덮고 가죽이나 철판, 철 못을 박아 적이 배에 오르지 못하게 만든 발명아이디어다.

3. 인터넷과 봉수대

21세기 글로벌시대를 만든 것은 인터넷 통신이다. 3차 산업혁명을 만든 1969년, 인터넷 발명은 지구촌을 하나의 공간과 동시간대 공생 공존하는 글로벌 통신사회를 만들었다.

통신은 전기를 통한 소통이다. 고대에는 전기가 없어 소식을 전하는 수단이 필요했다. 고대의 통신수단은 자연을 이용하는 방법을 선택했다. 불, 연기, 소리 등이다.

인터넷으로 오대양 육대주의 모든 정보가 실시간으로 지구촌 전체에서 공유하는 시대가 되었다. 아프리카에서 벌어지는 사건을 유럽, 아시아 등의 모든 지역에서 실시간으로 공유하면서 미래정보도 공유되고 있다.

정보는 교육환경과 조건, 방법을 송두리째 바꿨다. 개인이나 기업, 국가 등의 모든 사람들이 서로의 생각과 정보를 공유하면서 문제를 해결하고 있다. 현장에서 물물교환 하던 시대에서 인터넷을 통해서 거래되고 있다.

고대에는 어떻게 통신을 했을까?

기원전 490년, 고대그리스에서 페르시아 군대와의 전투에서 승리한 그리스 병사 페이디피데스가 소식을 전달하기 위해 쉬지 않고 40km를 달려 소식을 전달했던 것이 올림픽 마라톤 종목이 되었다. 고대에는 말을 타고 달려 소식을 전하기 위해 일정한 거리마다 파발마로 연결하거나 봉수대로 전달하였다.

고대 지역 간의 신속한 연락방법은 봉수대이었다.

높은 지역에서 밤에는 불빛으로 신호를 보냈고 낮에는 연기로 신호를 보냈다. 약속된 불빛과 연기로 통신했다. 새를 이용하거나 고동소리 등으로 연락하는 것보다 빠르게 소식을 전달하는 방법이 봉수대이었다.

어떻게 한국은 인터넷 강국이 되었을까?

세계에서 가장 많은 인터넷망으로 전국을 하나로 만든 국가가 한국이다. 한국이 인터넷 강국으로 부상한 비결에는 과거 봉수대 문화의 역사적 전통에서 유래된다.

한국의 봉수대 역사는 4세기 가락국 수로왕이 봉화를 사용했다는 기록에서 유래된다. 역사적 기록에 의하면 높이 약 10m의 흙으로 만든 토단 형태의 경상남도 함양군 가야산 봉수대가 삼국시대에 축조된 것으로 알려져 있고 높이 약 5m의 돌로 만든 형태의 부산 기장 남산 봉수대가 고려시대에 축조된 것으로 추정된다. 그밖에도 전국에 다양한 봉수대가 남아 있다.

경기도 파주 봉수대, 충청남도 부여 봉수대, 전라남도 강진 봉수대 등 지역과 지역 간 서로 연락하는 봉수대가 전국에 수없이 존재한 흔적이 있다. 서울 중심 남산 봉수대는 조선시대 봉수대로 수도권에서 모두가 볼 수 있는 인터넷망과 같은 역할을 했다.

과거 말을 타고 전달했던 깃발은 인터넷 방식으로 바뀌었고 소식을 보내던 파발은 인터넷 문자로 다양화되었다. 말이 쉬었던 파발막은 인터넷을 송수신하는 통신망으로 바뀌었다.

조선시대부터 파발 통신제도가 실시되어 왔다. 봉수대는 햇불이나 연기로 소식을 전달했지만 인터넷 시대는 누구나 쉽게 소식을 전달하고 있다. 조선시대, 643개의 봉수대를 설치하여 소식을 전하였듯이 한국은 세계에서 가장 많은 인터넷망을 설치한 국가다.

4. 반도체와 도자기 기술

한국은 세계 반도체 시장에서 기술과 생산능력에서 독보적인 위치를 차지하고 있다. 이러한 기술력과 생산능력은 오랜 역사적 노력과 개발의 결과다. 반도체 산업은 한국경제 성장의 핵심 동력이 되었고 생성형 AI 챗봇 GPT시대 경쟁력을 창출하고 있다.

반도체 핵심 소재가 규소이고 규소는 도자기 핵심 소재다. 규소 추출기술에 따라 도자기나 반도체의 질이 결정된다. 규소를 이용해 아름다운 도자기를 만들었던 한국인의 도자기 전통기술은 오늘날 반도체 생산기술이 되었고 세계 반도체 기술을 선도하는 발명 기술로 발달했다. 이처럼, 한국의 전통적 도자기 기술문화가 반도체 기술향상에도 영향을 주었다.

한국 전통 도자기 기술은 점토 성분 분석기술을 기반으로 적절한 규소추출기술로 발달해 왔다. 이러한 규소추출기술은 지금도 지속적으로 개발되고 있다. 더욱 효율적이고 경제적인 방법을 연구 개발하고 있다. 따라서 에너지 소비를 줄이는 새로운 염소화 및 수소 환원 방법 개발, 고품질의 규소 웨이퍼 성장 방법 개발, 웨이퍼 가공 및 도핑 공정의 효율성 향상 등으로 규소추출기술은 지속적인 발달을 하고 있다.

규소는 반도체 물질로 사용되고 있으며 규소를 이용한 도자기는 다양하게 사용되어 왔다. 규소는 전기와 밀접한 관계를 가진 원소다. 반도체의 주요 구성 물질로 전기 전도도를 자유롭게 조절할 수 있는 특성을 가지고 있어 다양한 전자 소자 제작에 활용되고 있다. 규소를 다양하게 사용했던 기술이 오늘날 반도체 개발에도 사용되고 있다.

한국의 도자기 기술과 반도체 기술관계

도자기의 규소 함량은 일반적으로 50%에서 70% 사이다. 규소 함량이 높을수록 도자기는 더 강하고 내구성이 높아진다. 하지만 규소 함량이 너무 높으면 도자기가 너무 단단하고 취성해질 수 있기 때문에 규소 함량조절 기술과 도자기 생산 시 온도, 불 조절기술에 따라 도자기의 품질이 결정된다.

규소는 도자기 품질을 결정짓는 기술적 요소다.

규소는 도자기에 강도를 부여하여 부서지거나 깨지는 것을 최소화시키며 열을 잘 전달하는 특성을 가지고 있어 도자기가 급격한 온도 변화에 견딜 수 있도록 돕는다. 또한 도자기 표면에 유약이 잘 접착되도록 도와주어 광택과 매끄러운 표면을 만들고 내구성을 높이는 역할을 한다.

규소는 도자기에 다양한 색상을 발현시켜 철 이온과 결합하면 붉은색이 나타나고 구리 이온과 결합하면 녹색이 나타내는 작용을 한다. 따라서 도자기 만드는 기술은 규소의 특성, 성질을 활용하는 반도체 기술과 연계성이 있다.

반도체 규소추출기술

반도체 규소추출기술은 모래에서 규소를 추출하여 고 순도 규소 웨이퍼를 만드는 과정이다. 웨이퍼는 컴퓨터, 스마트폰, 자동차 등 다양한 전자 기기에 사용되는 반도체의 기본적인 재료다.

반도체에서 사용되는 규소는 주로 모래에서 추출한다. 이 과정은 여러 단계를 거쳐 고 순도의 실리콘 웨이퍼를 만든다. 한국이 반도체 선진국이 된 것은 도자기 기술국가이기 때문이다. 모래는 주로 이산화규소(SiO_2)로 구성되어 있다. 모래를 고온에서 화학적으로 처리하여 순수한 규소를 추출하듯이 질 좋은 점토를 선택하여 여러 과정을 통해 고품질 도자기를 만들어 냈던 기술이 오늘날 반도체기술의 밑바탕이 되었다.

기술은 오랜 시간동안 축적되어 발달한다.

한국의 경제적, 기술적 기적은 우연이 아니다.

5,000년 역사 속에 축적되어 내려온 한국인의 DNA 창의성은 전통적 기술로 잠재되어 창출되고 있다. 5,000년 역사와 전통은 생활 속에 문화가 되어 습관적인 사고방식과 관찰력과 분석능력을 키웠다. 직감이나 감각은 선천적인 생활습관에서 자연히 잠재되어 유전된다. 한국인의 잠재적 유전인자는 사물을 보고 생각하고 판단하는 분석능력이 뛰어나다.

누구나 지니고 있는 잠재적 창의성, 영재성은 후천적 환경이나 교육에 의하여 나타난다. 이를테면 잠재된 소질이나 능력은 후천적 환경이나 조건에 의하여 나타나며 환경이나 조건이 적합하지 않으면 아무리

잠재적 소질이나 능력을 지니고 있어도 창출되지 않는다.

  6.25전쟁 폐허속에서 한국인의 잠재적 소질과 능력을 자극시켰고 근면과 인내를 기반으로 끝없는 창조적 도전정신에 의하여 오늘날 경제적 기적을 만들었으며 인터넷을 비롯한 반도체 첨단기술의 선도적 국가가 되었다.
  K-문화도 역사적 전통을 기반으로 창의적인 발상에 의한 시대적 변화에 적응하면서 세계 문화로 부각되고 있다. 이는 비빔밥문화를 가진 융합적 사고가 융복합 시대변화에 적응되어 예술적 감각으로 나타났기 때문이다.

5. 외세 침략의 병기 개발

  한국은 700번 가까이 중국이나 일본의 침략을 받았다. 먼저 공격을 하지 않았던 역사적 배경이 방어를 위한 무기개발을 하게 되었다. 중국의 침략은 인해전술의 많은 병력에 의한 공격이었고 일본의 침략은 주로 약탈에 의한 공격이었다. 이에 따라 한국은 방어와 약탈에 대비하는 무기를 개발하였다.

다수 병력을 차단시킨 신기전 발명
  신기전 발명은 중국의 인해전술 병력을 공격하기 위해 다연발 공격무기로 개발되었다. 세계최초의 로켓으로 평가받는 신기전은 최대 400~500미터 전방에서 적을 공격할 수 있어 많은 병력을 사전에 차단시키는 효과를 얻었다.

해상 침략을 격퇴한 거북선 발명

　일본 침략을 퇴치시키기 위한 거북선은 삼국시대부터 사용하던 판옥선을 공격선으로 개발한 세계최초의 철갑선으로 발명됐다.

　일본은 한국을 침략하기 위해 오랫동안 함선을 개발하여 침략을 계획했다. 일본 함선의 약점을 파악하여 회전이 빠른 판옥선을 공격적 거북선으로 개발하여 일본의 함선을 침몰시켰다.

　이처럼 한국은 중국이나 일본의 침략을 한국인의 창의적인 첨단무기 발명으로 차단시켰다. 6.25 전쟁 당시, 탱크, 비행기 한 대도 없었지만 과거 병기개발기술이 오늘날 세계 첨단 탱크와 미사일, 비행기를 수출하는 국가로 발달시켰다. 기술은 오랜 전통과 역사속에 이어져 개발된다는 것을 한국의 기적이 보여주고 있다.

1부 한국인의 발명기술 역사

한국은 어떻게 기술을 개발하여 무엇을 발명했는가?

5,000년 역사와 전통, 문화 속에 한국인의 기술개발과 창조적 능력이 만든 천문기술, 철기기술, 병기기술, 인쇄기술, 통신기술, 선박기술 등이 오늘날 어떻게 항공, 철강, 방산, 출판, 통신, 조선산업 발달에 영향을 주었는가를 파악하면 미래 신기술 개발도 할 수 있다.

기술은 오랜 전통과 경험에 의하여 만들어진다. 축적된 실패경험이 도전하는 방법을 찾게 만드는 비결이라는 것을 필자는 발명교육을 통해서 알았다. 5,000년 한국 발명역사가 한국의 기적을 만들고 있는 것이다.

1. 항공산업 - 천문기술(혼천의, 자격루)

6.25 전쟁 당시 비행기 한 대도 없던 한국이 세계적인 항공사 대한항공으로 전 세계 120여 도시를 운항하며 국제교류 역할을 하고 있다. 한국의 항공산업이 발달한 비결은 무엇일까?

한국은 세계에서 두 번째로 큰 민간 항공기 생산업체인 에어버스의 주요 파트너다. A350 XWB 여객기의 주요 부품인 중앙 날개, 수평 안정판, 꼬리날개 등을 생산하며 최신 모델인 A321XLR 항공기의 생산에도 참여하고 있다. 또한, 한국형 전투기 초음속 KF-21 '보라매'를 개발하여 항공산업에 선두주자로 부상하고 있다.

항공산업과 천문학 관계

항공산업과 천문기술은 서로 밀접하게 연결되어 우주 정복의 과학 발전을 이끌고 있다. 항공 기술은 천문 관측 장비를 우주로 운송하고 천문 관측 데이터는 항공기 설계 및 제작 등으로 구분된다. 두 분야의 협력은 새로운 우주 탐사 기회를 창출하고 있으며 인류에게 미래사회의 꿈을 만들고 있다. 한국의 전통적 천문학이 우주개발에 씨앗이 되고 있다.

한국의 천문학은 고조선시대부터 이어져 오고 있다. 고인돌에 새겨져 있는 구멍을 보면, 별을 관찰하고 우주를 관찰했던 흔적이 있다. 천문학은 모든 인류의 최대 관심사이고 꿈의 학문이다. 우주에 대한 무한 상상은 인류 역사 내내 이어져 내려오고 있다.

인류가 우주를 바라보며 천체에 궁금증과 의문점을 가지고 관찰한 것이 천문학이다. 밤하늘의 별과 행성을 관찰하며 농사를 위한 달력을 만들었고 미래를 예측하며 때로는 신화를 만들기도 했다.

한국천문학 연구

한국 천문학은 오랜 역사를 가지고 있으며 고대부터 천체 관측과 연구가 활발하게 이루어져 왔다. 별자리를 보고 방향을 찾거나 계절의 변화를 예측하기도 하였으며 농사 일정을 계획하기 위해 천체를 관찰하기 위한 여러 가지를 발명하였다.

선사시대 고인돌 유적에서 발견되는 북두칠성 별자리 모양의 구멍과 고분 벽화에 그려진 선사시대 사람들이 별자리와 계절 변화, 일식과 월식 등의 천문 현상을 관측하고 기록했음을 알 수 있다.

삼국시대에는 국가적으로 천문 관측을 실시하고 기록했다. 일식과 월식은 국가적 중요 사건으로 여겨져 상세하게 기록되었다.

고구려의 천문 관측 기록은 일본의 천문학에도 영향을 미쳤다.

고려 시대에는 과학기술 발전과 더불어 천문학 연구도 발전했다. 서운관을 설치하여 천문 관측과 역법 제작을 담당했다. 고려 천문학자들은 '고려천문지'와 같은 천문학 서적을 편찬했다.

조선시대 세종대왕 때는 1,467개별과 290개의 별자리를 그린 천상열차분야지도 중심으로 천문학 연구를 했다. 칠정산과 천문유초 등의 천문학 서적을 편찬했고 간의대를 설치해 천문 관측을 했다.

조선후기에는 서양 천문학을 도입하여 천문학 연구를 더욱 발전시켰다. 한국 천문학은 19세기 후반 서양 천문학을 도입하면서 본격적으로 시작되어 천문 관측 기술과 연구 수준에서 세계적인 선두 국가로 자리매김하고 있다.

한국 천문학은 오랜 역사와 전통을 바탕으로 현대 과학기술 발전에 크게 기여하고 있다. 역사적으로 천문기기를 발명하였고 이를 통해 농업에 이용하기도 하였다.

천문학을 통한 항공산업

항공산업은 인간의 오랜 꿈과 끊임없는 도전의 역사다. 초기 인간들은 새처럼 자유롭게 하늘을 날아다니는 것을 상상했고 날기 위한 도전을 했다. 새 날개처럼 설계한 것을 날틀이라 부른다.

레오나르도다빈치는 1490년 초부터 날개 설계에 대한 연구를 시작하여 그림으로 날틀을 설계하였으나 실제로 만들지는 못했다.

프랑스의 조셉 몽골피에 형제는 1783년 불똥과 재가 하늘로 올라가는 것에 착안해 최초의 열기구를 제작했으며 1852년 앙리 리파르는 열기구에서 한 발 더 나아간 비행선 실험에 성공했다.

1903년 미국의 라이트 형제는 자신들이 직접 만든 동력 비행기를 타고 창공을 날아 인류 역사상 최초의 비행기를 발명했다.

한국의 비거(날틀) 역사

삼국사기에는 신라의 장군 김유신이 비거를 사용하여 적군을 공격했다는 기록이 있으며 세종실록지리지에는 조선 태종 13년(1414년)에 비거를 제작했다는 기록이 있다.

조선시대 비거(날틀)

한국은 조선시대에 하늘을 날아가는 비거(날틀)을 발명하여 사용했다. 비거는 가볍고 공기 저항을 최소화시키는 대나무를 사용했다. 대나무로 만든 방패연을 날리는 전통문화도 있다. 이처럼 한국인은 소재 개발에도 전통적인 특성을 지니고 있다.

조선시대에 비거는 대나무나 나무로 만든 골격에 얇은 천이나 종이로 만든 날개를 덧씌워 발명했다. 임진왜란으로 위기에 처했던 여러 성에서 이런 날틀을 이용하여 탈출에 성공했다.

1592년, 일본이 순천 칩암성을 공격했을 때 성주 이응백은 날틀을 이용하여 성에서 탈출하였고 안골포 해전에서 조선 수군은 일본 함선을 공격하기 위해 날틀을 이용하여 함선 위로 뛰어넘어 공격하기도 하였으며 1598년, 일본이 울산 성을 공격했을 때에 성주 이원수는 날틀을 이용하여 성에서 탈출하였다.

정평구가 발명한 날틀, 비거(飛車)는 진주성 전투에서 사용되어 포

위된 진주성과 외부와의 연락을 하며 일본에게 큰 곤욕을 안겨주었다는 일본서기 기록도 있다.

혼천의와 자격루 발명

혼천의는 하늘을 본떠 만든 천체 모형으로 별의 위치를 측정하고 시간을 측정하였다. 중국이나 동남아시아 혼천의는 천체 운행을 관측하고 우주의 이치를 탐구하는 주된 목적이었으나 조선의 혼천의는 천문 관측뿐만 아니라 시간 측정, 역법 연구 등 다양한 목적으로 활용하면서 자격루를 개발하게 되었다.

혼천의와 자격루는 서로 연관되어 발전했고 여러 과학자들이 함께 연구 개발했다. 혼천의는 천체를 관측하는 기구이었고 자격루는 정확한 시간을 측정하는 기구다. 두 가지 모두 정확한 시간 측정이 핵심이었다. 혼천의를 통해 얻은 천문 자료를 바탕으로 자격루를 개량하고 자격루를 통해 얻은 정확한 시간을 이용하여 혼천의 관측 자료를 보완함으로 혼천의와 자격루는 동시에 발전했다.

혼천의 구조 발명

혼천의 구조 및 원리는 천구의 운동을 모형화하여 제작한 기구다. 구형의 천구에 주요 별자리와 황도를 표시하고 지평면과 자오선을 나타내는 고리를 부착했다. 혼천의에는 회전축을 따라 움직이는 표침이 있으며 이 표침을 이용하여 천체의 위치를 측정할 수 있었다.

자격루 구조 발명

자격루는 물시계로 물을 특정 용기에 담아서 용기에 뚫린 구멍을 통해 물을 일정하게 흘러내리는 구조와 원리로 시간을 측정하였다. 자격루에는 12시간을 나타내는 시각도가 표시되어 물이 내려가는 위치에 따라 시간을 알 수 있게 했다.

자격루 구조와 기능

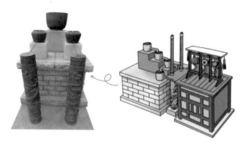

① 자동 시보: 물의 흐름으로 일정한 시간마다 구슬이 떨어지면서 기계 장치를 작동시켜 종, 북, 징이 울리도록 설계하였다.
② 정확한 시간 측정: 물의 양과 흐름을 정밀하게 조절하여 시간을 정확하게 측정하였다.
③ 과학적 기계 장치: 물레방아, 기어, 인형 등 다양한 기계 장치로 구성하였다.

자격루 가치

천문학과 결합된 자격루는 정확한 시간 측정, 천체 관측, 과학적 사고를 기반으로 한다. 시간 측정을 통해 천체의 운행을 관찰하는 우주 항공 개발과 공통점을 가지고 있다.

조선시대 천문기기 발명

조선시대에는 천문 관측에 뛰어난 발전을 이루었으며 혼천의, 자격루를 비롯한 다양한 천문관측 기기들을 발명하여 활용했다.

① 간의

간의의 구조와 원리는 지평면과 천구를 나타내는 두 개의 환으로 이루어진 기구다. 해시계와 자격루(물시계)의 기능을 결합한 것으로 지평면 환에는 12시간을 나타내는 시각도가 표시되어 있고 천구 환에는 주요 별자리와 황도가 표시되어 있다. 간의의 중심에는 표침이 있어 표침의 그림자가 지평면 환의 시각도에 투사되어 시간을 알 수 있었다.

② 앙부일구

앙부일구는 해시계로 표면에 12시간을 나타내는 시각도가 표시된 판과 그 중심에 그림자를 드리우는 표침으로 시각을 파악하게 만들었다. 표침은 태양의 위치에 따라 그림자가 이동하고 그림자의 위치에 따라 시간을 알 수 있었다. 앙부일구는 휴대가 용이하여 조선 시대 사람들에게 널리 사용되었다.

기타 천문관측 기기

그밖에 현주일구, 천평일구, 정남일구 등 다양한 해시계와 측우기, 혼천지도 등의 천문관측 기기들을 개발했다. 조선시대 천문 관측 기기들은 오늘날 과학기술 발전의 기반이 되었다.

한국은 오랫동안 이어져 온 천문 관찰 역사를 기반으로 천문학과 우주개발에 선도적인 연구개발을 하는 국가가 되었다.

오늘날, 한국은 거대마젤란망원경 (Giant Magellan Telescope,

GMT) 프로젝트에 참여하고 있으며 이 망원경은 지름 25.4미터로 세계 최대 규모의 망원경 중 하나가 될 것이다.

천문학과 우주항공은 앞으로도 더욱 밀접하게 협력하며 발전할 것이다. 인공지능, 빅데이터, 머신러닝 등 첨단 기술의 발전은 천문 연구와 우주 개발에 새로운 가능성을 제시할 것이다. 따라서 한국인의 천문학에 대한 경험과 우수한 창의성은 지구촌 국가 중에서 가장 짧은 기간에 가장 우수한 능력을 창출하고 있다.

한국의 우주항공 산업
우주항공분야에서 한국은 독자적인 발사체 기술을 개발하여 KSLV-2 발사체를 통해 1톤급 인공위성을 지구 저궤도에 발사할 수 있는 능력을 갖추고 있으며 더 강력한 KSLV-3 발사체와 재사용 발사체 개발에도 도전하고 있다.

한국의 전통 천문학이 우주항공 산업에 기반이다.

한국인은 천문학에 관심을 가지고 별자리를 연구했던 오랜 역사를 가지고 있다. 고조선 고인돌이나 고구려 벽화의 별자리 관측부터 시작된 우주항공에 대한 열망은 고려와 조선 시대에 개발했던 비거(날틀)를 비롯하여 천상열차분야지도 개발 등으로 지속적인 연구와 개발을 해 왔다.
혼천의, 자격루 등의 수많은 천체 발명품들은 우주항공 산업 분야의 역사적 유물이고 한국인의 우주항공 산업 기술의 뿌리다.

항공우주산업은 총체적 기술 집약 산업

항공우주산업은 단순히 항공기와 우주선을 생산하는 산업을 넘어 다양한 첨단기술들이 집약된 총체적 기술 산업이다. 항공기 제작, 발사체 개발, 위성 운영, 우주 탐사 등 다양한 분야에서 첨단 기술력이 요구되며 이는 다른 산업 분야에도 큰 영향을 주고 있다. 20만개의 부품으로 만들어지는 우주 망원경을 비롯하여 100만개의 부품으로 만들어지는 우주 정거장은 총체적 기술과 첨단기술이 집약된 산업이다. 고조선 다뉴세문경을 만든 제련 철기기술과 설계기술로 시작된 한국인의 손기술과 한국발명역사가 총체적 기술 집약 산업의 뿌리가 되고 있다.

2. 철강 산업 - 철기기술(다뉴세문경)

한국은 세계 5위 철강국가다. 비결은 무엇인가?

한국의 근대 철강 산업은 1918년 황해도 겸이포제철소 설립으로 시작되었으나 한국전쟁으로 인해 철강 시설이 파괴되었고 휴전 이후 정부 지원으로 재건되었다.

고조선 제련기술의 다뉴세문경 발명

한국의 철기기술은 고조선, 다뉴세문경의 제련기술로 시작된다. 고조선 철기는 강도가 뛰어나 농기구와 무기 제작에 유리했으며 이는 농업 생산력 향상과 군사력을 강화시켰다.

다뉴세문경은 기원전부터 우수한 철기

제련기술과 가공기술의 발명이었다. 독창적 문양은 현대 예술가들에게 영감을 주고 있다.

무령산 동검은 기원전 10세기경 제작된 것으로 추정되는 길이는 45.2cm, 무게는 1.2kg으로 날 부분이 길고 좁은 뚜렷한 특징을 가지고 있으며 칼날 양쪽에는 혈 홈이 있다. 칼날에는 아름다운 기하학 무늬가 새겨져 있어 예술적 가치도 뛰어났다.

한국철기의 발명

한반도의 철기문화는 기원전 4세기경 북부지역에서 시작된다.

기원전 1세기경 철기가 남부지역까지 확산되면서 농경 사회의 발전과 국가 형성에 기여했다. 초기에는 청동기와 함께 사용되었으나 철기의 우수한 성능으로 인해 점차 주요 생산 도구와 무기로 자리 잡으며 강력한 국가의 무기 체계와 군사력이 되었다.

기원전 4세기경 철기는 한반도 북부지역 평안북도 위원군 용연동 유적에 청동기 농기구와 함께 철제 농기구가 출토되었다.

기원전 3세기에는 철제 삽, 낫 등 주요 농기구가 보편화되면서 곡물 생산량이 크게 증가했다. 철제도끼, 칼, 화살촉 등 무기가 등장하면서 전쟁기술도 발전했다.

기원전 1세기에는 철기기술이 한반도 전역으로 확산되면서 농경 사회가 본격적으로 발전하고 국가 형성의 기반이 되었다.

고조선 청동기 기술

철기기술은 구리와 주석을 합금한 청동기 기술에서 시작되었다.

고조선 청동기 기술의 특징

고조선 청동기는 두꺼운 주형을 사용하여 만들어졌으며 표면 처리가 매우 섬세했다. 납, 주석, 비소 등을 합금하여 단단하고 내구성이 뛰어난 청동을 제작했다.

고조선 청동기 주조기술

고조선 청동기는 기하학무늬, 동물무늬, 인물무늬 등 다양한 무늬로 장식했다. 특히, 운문(雲紋)과 뇌문(雷紋)이라는 독창적인 무늬는 고조선 청동기의 상징이다. 다뉴세문경의 정교함과 아름다움을 만든 제작과정은 미스터리로 전 세계가 놀라고 있다.

고조선 청동기는 다양한 형태와 용도로 제작되었다. 대표적인 유물로는 제사에 사용된 동검, 거울, 종, 굽, 화로 등이 있으며 실용적인 도구로는 칼, 낫, 도끼, 쟁 등이 있다.

철강산업은 철기기술의 발전과 혁신 없이는 불가능하며 두 분야는 서로 밀접하게 연결되어 상호작용을 통해 발전해 왔다.

철광석에서 질 좋은 철을 뽑아내는 제련기술과 강하고 아름다운 철기제품을 만들어 내는 주조기술과 가공기술은 오늘날 한국을 세계적인 철강산업의 선두 국가로 만든 원동력이다.

한국철기기술 시대별 발명

선사시대부터 시작하여 삼국시대, 고려시대, 조선시대를 거쳐 근대에 이르기까지 다양한 형태의 철기 제품들이 제작되었다.

기원전 800년 ~ 기원전 400년 무문토기시대 후기에 청동기와 함께

소량의 철제품이 등장했다. 주로 도구와 무기 형태이었다.

기원전 400년 ~ 기원후 300년 금석기시대는 철제품이 증가하면서 다양한 형태로 만들었다. 농기구 제작에 철이 활용되면서 농업 생산성이 향상되었고 철로 만든 무기가 등장했다.

기원후 300년 ~ 668년 고구려시대에 고대 최초의 철제 갑옷인 투구갑이 개발되었다. 세계 최초의 금속활자 인쇄술인 동활자를 발명하여 철제 활자를 제작하여 책의 대량생산의 가능성을 제시했다.

삼국시대에는 고구려의 투구갑, 백제의 왕검교, 신라의 금동활자 등 다양한 형태의 농기구와 무기, 장신구 철기 제품들이 제작되었다.

918년 ~ 1392년 고려시대에는 고려청자 제작에 철분을 사용하여 아름다운 색을 표현하며 철을 이용한 다양한 제품을 개발하기 시작했다. 고려청자의 뛰어난 디자인과 독특한 색감은 세계적으로 높게 평가받는다. 이후 종, 범종, 향로 등 다양한 불교 유물이 제작되어 철기기술이 다양하게 사용되었다.

조선시대 석축형 제철로와 같은 기술은 한국의 전통적인 제철 산업의 기반이 되었다. 포철의 제조기술은 한국의 전통 기술로서 친환경, 스마트팩토리, 고객맞춤형 생산 등으로 세계기술을 선도하고 있다.

철강산업과 철기 기술의 연관성

철강산업은 철기기술에 의하여 발전되었다. 청동기 기술이 철기기술로 발전하면서 철기기술은 오늘날 철강산업의 뿌리가 되어 지속적인 기술발전을 하고 있다.

철강산업은 철광석과 석탄 등을 원료로 다양한 형태의 철강 제품을 생산한다. 철기기술은 철강을 제작하고 가공하는 기술로 오랜 역사 속에서 지속적으로 발전해 왔다. 철강산업은 철기기술 없이는 존재할 수 없으며 철기기술 또한 철강산업의 발전과 혁신의 핵심이다.

철강산업은 철광석을 채굴하고 제련하여 강철을 만드는 과정부터 강철을 원하는 형태로 가공하는 제련기술과 가공기술로 크게 구분된다. 고조선시대부터 좋은 철을 제련하는 기술이 발달되어 왔으며 다양한 형태의 철제품을 생산하여 왔다.

철광석에서 철을 추출하는 단야(용광로)법이나 불룸법은 고대부터 내려오는 제련 기술로 철강산업의 핵심 기술이다. 초기에는 고로(爐)를 이용한 제련 기술이 근대 이후에는 용광로(熔爐)를 이용한 대규모 제련 기술로 발전했다. 제련 기술의 발전은 철강 생산량을 크게 증가시키고 철강산업의 발전을 촉진시켰다.

청동기 기술이 철기기술로 발전하면서 다양한 철제제품과 무기가 개발되었다. 오늘날 강철을 원하는 형태로 가공하는 기술은 철강산업을 더욱 발전시켰다. 압연, 단조, 용접, 열처리 등의 가공 기술로 만든 강철은 건축 자재, 자동차 부품, 기계 부품, 선박 등으로 다양하게 쓰이고 있다.

철기문화의 발전과 사회변화

철제 농기구의 도입으로 경지 개간이 용이해지고 곡물 생산량이 크게 증가했으며 철제 무기의 등장으로 전쟁 기술이 발전하고 국가 간의 경쟁수단이 되었다.

삼국 시대에는 철이 장신구 제작에도 활용되었으며 철제 갑옷,관, 팔찌 등이 제작되면서 사회적 지위를 나타내는 상징으로 사용되었다. 이처럼 철은 생활전반에 사용되어 왔으며 미래 철강 산업으로 발전하고 있다.

미래 철강산업은 지속가능한 친화적인 환경기술 개발과 혁신을 이끌어 가고 있다. 인공지능, 빅데이터, 사물인터넷(IoT) 등 첨단 기술과 접목되어 생산성이 향상되어 새로운 시장을 창출한다.

친화적인 환경기술에 의한 저탄소 배출, 에너지 절약, 재활용 기술 개발과 생성형 AI(인공지능)을 통한 생산 공정 최적화, 빅데이터를 통한 시장 분석 및 맞춤형 제품 개발과 IoT를 통한 생산 설비 관리 및 예측 유지보수 등을 통해 경쟁력이 강화되고 있다.

따라서 컴퓨터 제어 시스템에 의한 제련 및 가공 과정이 자동화되어 고강도 강철, 내구성이 높은 강철, 경량 강철 등 새로운 재료 개발이 되고 있다. 새로운 재료들은 항공, 자동차, 건축 등 다양한 산업 분야에서 활용되어 미래 산업을 이끌고 있다.

특히, 3D 프린팅 기술로 복잡한 형태의 철강 제품을 간단하게 제작하여 기존 제조 방식으로는 생산하기 어려웠던 제품을 생산함으로 우주항공 등의 다양한 맞춤형 제품 생산도 가능해졌다.

한국의 포스코, 현대제철, KG스틸, 동국제강, TCC스틸 등 세계적 수준의 철강 기업들은 역사적 전통 철기기술을 바탕으로 지속적인 철강기술을 개발하고 소재를 발명하고 있다.

3. 방산산업 - 병기기술(신기전 로켓)

　6.25 폐허에서 벗어나면서 한국은 방산산업에 치중했다. 방산산업은 국가의 국방력을 평가하는 요소다. 한국은 전통적으로 철기기술을 바탕으로 무기가 발달했던 국가다.

　오늘날 방산산업은 국가 경쟁력이 되었다. 유엔군의 지원을 받았던 한국은 우크라이나 등에 군사적 지원을 하는 국가가 되었고 다양한 병기를 수출하는 국가가 되었다. 한국의 병기기술은 오래전부터 개발되어 왔다. 중국의 침략이 병기개발을 촉발시켰고 일본의 약탈을 방지하기 위한 병기도 개발되었다.

　6.25 전쟁시 탱크 하나 없고 비행기 한대 없던 한국이 세계 10위권의 군수국가가 될 수 있었던 비결은 무엇인가?

　한국은 5,000년 동안 중국과 일본으로부터 수많은 침략과 약탈을 받았다. 기원전 109년 한나라의 침략과 기원전 1년 왕망의 침략 등의 중국 공격은 수없이 많았다. 그들은 수적으로 우세했고 한국은 소수로 공격을 방어해야 했다. 따라서 방어를 위한 다양한 무기를 개발하였다. 다수를 공격하는 수단이 필요했다.

　신기전은 많은 수의 중국 공격을 방어하는데 효과적이었다. 한번에 많은 화살을 발사함으로 적에게 치명적인 무기가 되었다. 고려시대 최무선에 의해 발명된 로켓병기인 주화는 세계 최초의 다연발 로켓 신기전으로 발명되었다.

철기기술의 발달은 무기를 발명하는데 효과적이었다. 고조선부터 발달한 철기 기술은 고구려시대 철마 기마병으로 외침을 방어 했으며 만주 벌판을 지배했고 신기전은 중국 침략을 방어했다.

한국 방산산업의 비결
6.25 당시 탱크, 비행기 한 대도 없던 한국이 세계 방산국가로 부각된 비결은 무엇인가?

K9자주포와 KF-21 보라매는 한국 방산산업의 뛰어난 기술력을 보여주는 대표적인 사례다. 우수한 기동성과 화력, 정교한 공격성과 폭격 능력은 오랜 전통기술에서 유래되었다.

K9자주포가 155mm 곡사포로 다양한 종류의 포탄을 발사하며 넓은 지역을 효과적으로 제압하는 기술의 원동력은 신기전기 발명에서 유래된다. 세계최초 다연발 로켓 신기전이 기동성과 화력으로 중국의 인해전술을 차단시키는 무기였다면 K9자주포는 오늘날 가장 강력한 자주포로 세계가 주목하고 있다.

KF-21 보라매는 초음속 4.5 세대 전투기다. 뛰어난 기동성과 생존성 그리고 다양한 무장 탑재 능력은 세계유일의 과학적 방패연에서 유래된다. 전투기나 방패연은 공중에서 물체를 조종하는 기술, 민첩성, 순발력, 전략적 사고라는 공통점을 가지고 있다. 즉, 방패연 칼치기 기술은 오늘날 전투기 조종기술의 하나로 한국 비행사의 조정기술 잠재력이라 할 수 있다.

한국인의 창조적 DNA 창의성은 생활 습관에서 창출된 기술개발능력으로 세계적인 방산산업국가로 평가받게 만들었다. 한국인에게는 전통적인 무기개발 능력이 핏속에 흐르고 있다. 신기전이나 방패연과 같은 전통 기술들이 한국인에게 기술 혁신에 대한 열정과 문제 해결 능력을 심어주었고 이러한 정신이 현대 방산산업 발전의 토대를 만든 비결이다.

병기 발명

병기는 땅, 하늘, 바다에 따라 필요한 종류도 다르다. 육지에서는 탱크를 비롯한 대포, 미사일 등이 있고 하늘은 비행기 등의 폭격기가 있으며 바다는 잠수함을 비롯한 전함으로 분리된다.

한국은 육지 전투에 필요한 신기전을 발명했고 하늘을 날아가는 비거(날틀)를 만들었으며 바다에는 세계최초의 철갑 거북선을 발명했다.

세계최초 다연발 로켓 발명

한국 최초의 로켓은 14세기부터 시작되었다. 고려 1377년 화통도감, 왕립 화약 무기 연구소에서 화약을 비롯한 18가지의 화약무기를 연구한 최무선은 주화와 화전을 발명했다. 화전은 '불화살'로 로켓으로 구분하기는 어렵지만 주화는 '달리는 불' 이란 뜻의 로켓이었다.

조선왕조실록에는 1592년 임진왜란 당시 거북선에서 비장의 무기로 주화를 개발한 신기전을 사용했다고 기록되어 있다. 화차와 신기전을 결합한 신기전기는 한번에 100발을 난사함으로 로켓의 효력을 발휘했다. 특히, 많은 적을 공격함으로 중국의 공격에는 한 번에 많은 살상을 하는 무기로 효력을 발휘했다.

주화는 조선시대에 다양하게 개발되었다. 세종때부터 체계적으로 연구 개발되어 소—중—대 세 가지 종류의 신기전으로 개발되었다. 따라서 화포 크기에 따라 지금의 화포처럼 거리에 따른 주포의 기능을 발휘했다. 오늘날 한국의 자주포가 세계적인 화포로 인정받는 동기가 신기전기다.

탱크와 화차 발명

1차 세계대전을 계기로 1916년 영국에서 개발된 「마크 I」탱크는 전쟁의 핵심무기가 되었다. 탱크는 고정된 장소에서 이동하면서 공격하는 무기다. 동력이 없던 시대에는 이동수단이 말이나 마차이었기에 탱크와 같은 무기는 없었다. 말에 철갑을 입히고 공격하던 방식은 고구려시대부터 이어져 왔으며 마차를 이용한 공격수단이 화차의 발명이었다.

신기전은 화차를 개발한 것으로 탱크와 같은 발상이라 할 수 있다. 바퀴달린 운반 화차에 포를 싣고 이동하면서 공격하는 화차는 신기전기로 개발되었고 총통을 결합하고 동력에 의한 이동수단으로 만든 것을 오늘날 탱크라고 볼 수 있다.

6.25 남침할 때 북한은 소련 탱크를 앞세우고 공격했으나 남한에는 탱크가 없어 미국이 지원한 M46 패튼 탱크로 겨우 방어했다. 이후 1980년대 개발되어 1990년대부터 양산된 전차 K1 탱크가 보급되었고 후속 모델로 K2 흑표가 개발되어 수출하고 있다.

자주포는 탱크의 기동성과 화력을 크게 향상시킨 무기다. 한국은 K2흑표에 이어 K9자주포를 개발하여 수출하고 있다. IT강국의 특성을 이용하여 전자동 전자 무기로 개발하고 있으며 미래 전자전에서 우월성을 높게 평가받고 있다.

한국의 탱크개발과 자주포개발은 역사적으로 유래된 화차, 화포의 영향을 받았다. 세계최초 다연발로켓 신기전을 발명한 화포개발 능력과 자주포 개발능력은 지속적인 발명으로 이어지고 있다.

비행기 수출 발명역사

하늘을 날아가는 비거(날틀)의 발명은 한국의 비행기 역사 뿌리다. 레오나르도다빈치는 날틀을 설계만 했으나 한국인은 날틀을 제작하여 실제 사용했다. 이것이 한국인의 우수한 창의성을 행동으로 실천하는 발명역사를 의미한다.

6.25 당시 비행기 한 대 없던 한국은 T-50 고등훈련기, FA-50 경공격기 등을 비롯하여 수리온 헬리콥터를 수출하는 국가로 부상했다. 초음속기 KF21은 4.5세대 전투기다. IT강국 한국은 비행기에 반도체 기술과 정보처리기술 등을 결합한 초음속기를 개발하여 선진기술과 경쟁하고 있다.

비행기 발명역사는 비거(날틀)의 경험과 방패연 기술

비행기는 전통적 비거 제작경험과 방패연 기술에서 유래되었다. 비거를 날리는 과정에서 많은 희생을 경험했고 실패를 통해 결과를 얻었던 비거비행기술과 과학적 방패연을 자유롭게 조정하고 칼치기로 연을 조정했던 기술이 한국의 비행기 발명역사다.

비행기와 연의 관계

비행기는 연으로 하늘을 날아가는 인류의 오랜 꿈과 지혜가 집약된 결과물이다. 연은 비행기 개발에 있어 기술적인 기반을 제공했을 뿐만 아니라 인류에게 하늘을 향한 무한한 상상력을 심어 주었다. 어떤 재료로 어떻게 만드는가에 따라 연의 형태가 만들어지고 연을 작동하는 방법과 연이 연출하는 즐거움을 느꼈던 경험이 한국형 비행기를 개발하는데 영향을 주었다.

세계유일 과학적 방패연의 역사

연의 역사를 8,000여년 전으로 보고 있다. 120여개국에 수많은 연이 이어져 내려오고 있다. 대부분의 연이 가오리형 연이지만 한국의 방패연은 과학적 원리를 기반으로 만들어진 유일한 연이다. 연에 구멍을 뚫어 속도와 기술을 발휘하는 방패연은 과학을 바탕으로 창의성을 발휘하는 발명품이다.

연은 국가마다 전통적 문양으로 각기 다른 특색을 표현하고 있다. 새해가 시작될 때 각자의 희망과 소원을 담아 하늘로 날리며 꿈을 행동으로 표현하는 수단이다. 이런 꿈이 비행기를 만들게 된 기원이라 할 수 있다.

방패연과 비거(날틀)의 과학적 공통점

방패연의 재료가 대나무이고 비거의 재료도 대나무다. 대나무는 가볍고 질기며 공기 마찰에 강하다. 가벼워서 공중에 잘 뜨고 대나무통은 공기를 저장하는 역할도 한다.

방패연과 비거(날틀)는 양력과 공기저항을 이용해 만들었다. 방패연은 종이를, 비거는 헝겊을 대나무와 연계하여 공기저항을 조절하도록 설계하였다. 비행기의 양 날개가 양력과 공기저항을 조절하는 기능을 이용하는 원리와 같다.

방패연의 구멍은 과학적인 원리를 이용했다. 바람의 세기를 조절하는 기능적 역할과 공기 흐름을 조절함으로 안정적으로 연을 날리고 조절하기 쉽게 만든 공학적 구조이다. 가오리연은 앞부분으로 공기저항을 조절할 수밖에 없으나 방패연은 가운데 중심으로 공기저항을 조절함으로 자유롭게 조절할 수 있다.

방패연의 과학적인 구조

방패연의 가장 큰 특징은 가운데 뚫린 방구멍이다. 이 방구멍은 단순한 장식이 아니라, 연이 안정적으로 날 수 있도록 하는 과학적 구조다. 방구멍은 바람을 효과적으로 받아들여 연을 떠오르게 하고 돌발적 바람에도 안정성을 유지시키는 비행기 엔진과 같다.

방패연의 연살은 가운데가 굵고 양쪽 끝이 가늘게 만들어져 연이 바람을 받아들일 때 발생하는 힘을 분산시키고 연이 비틀리거나 찢어지는 것을 방지한다.

방패연은 질기고 얇은 한지를 사용한다. 한지는 가볍고 질기며 튼튼

해서 연이 가볍게 날 수 있도록 도와주며 한지의 미세한 구멍이 바람을 잘 받아들여 연을 띄우는 역할도 한다.

세계 유일의 과학적 방패연 발명

방패연은 사각형 모양에 구멍의 위치와 크기, 연살의 배치 등이 정교하게 계산된 구조다. 이러한 정교한 구조는 한국인의 경험과 지혜, 창의성으로 나타나는 연 문화다.

방패연은 다른 나라의 연보다 안정되게 오랫동안 하늘을 날 수 있으며 바람의 세기에 따라 다양한 비행을 할 수 있다.

방패연은 유체역학, 공기역학 등 다양한 과학적 원리를 기반으로 한국인의 과학적인 사고방식을 나타내는 발명품이다.

방패연의 역사와 문화

한국 전통 놀이 도구로 오랜 역사를 지니고 있다. 조선시대에는 연날리기가 남녀노소 누구나 즐기는 대표적인 놀이였으며, 방패연은 연싸움으로 즐겼다. 방패연은 단순한 놀이를 넘어 민족의 정서와 문화를 담은 창작성을 나타내는 연 문화다.

비행기 프로펠러와 방패연 구멍

비행기 프로펠러와 방패연의 방구멍은 공기 흐름을 조절하여 원하는 힘을 얻는다는 공통점이 있다. 프로펠러 구멍은 방패연 구멍의 기능처럼 비행기를 조절하는 기능을 가지고 있다. 구멍은 프로펠러의 무게도 줄이고 프로펠러의 원활한 회전을 작동시키며 양력과 추력 기능을 높이는 베르누이의 원리가 들어 있다.

방패연이 하늘에서 서로 경쟁하며 싸움을 할 수 있는 것은 전투기 기능을 연상시킨다. 방패연은 연줄과 연결된 얼래를 이용하여 연끼리 경쟁하며 상대 연줄을 잘라 내는 기술을 연출한다. 전투기가 상대를 공격하는 방법도 비슷하다. 상대 전투기의 꼬리를 잡으면 공격하기 쉽고 꼬리가 잡히면 상대의 공격을 당하게 되는 전투기 결투와 방패연의 결투는 비슷하다.

방패연의 역사는 삼국시대 이전부터 내려오고 있다. 신앙적으로 연을 사용하기도 했으나 통신신호로 연을 이용했다. 앞서 제시한 봉수대 이전부터 연은 통신신호 방법으로 사용되었다.

방패연이 통신신호로 가능했던 것은 방패연의 과학적 구조에 있다. 넓은 면은 바람을 강하게 받아 힘을 발휘하기 좋고 가운데 구멍은 강한 힘을 가진 연을 자유롭게 움직여 정해진 동작으로 소식을 전달하는 수단으로 사용하였다. 이러한 기술적인 전통방법이 한국인의 우수한 항공기술의 원동력이 되었다.

방패연과 비거(날틀)은 한국의 전통적 놀이기구이면서 통신수단이었고 하늘을 날아가는 기구이었다. 이러한 전통적 방패연과 비거가 4.5세대 초음속 비행기를 만드는 창의성이라 볼 수 있다.

세계최초 철갑선 – 거북선 발명

조선시대 땅과 하늘에 이어 바다를 지배하는 함선을 발명했다. 거북선은 세계최초의 철갑선이다. 거북선은 2,000여년 동안 고구려, 신라, 백제 삼국에서 사용하던 판옥선을 개조하여 발명했다.

거북선은 덮개를 철판과 두꺼운 가죽으로 덮고 철못을 박아 적군이 쉽게 올라오지 못하게 만든 전술적 함선이다. 적진으로 돌진하여 백병전을 펼치는데 특화된 함선으로 당시 세계적 해전에서 새로운 혁신적 전술을 보인 철갑 함선이다.

당시 뚜껑을 덮는 발상은 획기적이고 혁신적인 아이디어다. 모든 어선이나 함선은 선상에서 선원이 자유롭게 이동을 하는 공간이지만 거북선은 공격선으로 선원의 이동을 제한시키면서 적군도 이동할 수 없게 발상의 전환으로 만든 무적의 함선이었다.

거북선을 만든 창의적 사고는 자유로운 이동공간을 차단시켜 적의 공격을 예방하고 선내공간을 이동수단으로 만들어 적을 공격하는 발상이다.

틀을 깨는 한국인의 방산산업 창의성

누구나 생각하는 것은 차별성이 없다. 연 구멍을 뚫거나 갑판에 뚜껑을 덮는, 아무도 생각하지 못한 것을 생각하는 것이 독창성이고 차별성을 만드는 창의성이다. 한국인은 전통적으로 남들이 생각하지 않는 것을 착상하는 창의적 풍습으로 문제를 해결해 왔다.

방산분야에 후발국가인 한국이 가장 짧은 시간에 방산산업 선도국가로 부상한 비결은 전통적 창의성이다. 세계최초의 다연발로켓 신기전을 비롯한 세계최초의 함선 거북선을 발명한 한국인의 전통적 발명적 사고가 방산산업의 선두국가를 만들었다.

4. 출판 산업- 인쇄기술(직지심체요절)

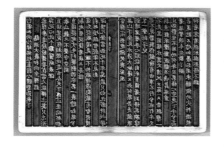

언어는 말과 글이다. 세계 언어는 대략 7,000여개가 존재하지만 역사를 기록하고 소통하는 언어는 60여개국 언어가 선도하고 있다. 그중에 유일하게 과학적으로 만들어진 글은 한글뿐이다.

한글은 자연의 천(天), 지(地), 인(人) 3가지를 기본으로 음과 양의 조화를 입 구조와 모양을 기본으로 만들어진 과학적 글이다. 따라서 한글이 지니고 있는 의미는 과학적으로 증명되고 있다.

한글이 과학적인 이유

첫째 음성 기호의 과학적 표현이다. 한글은 자음과 모음이 입 구조를 본 떠 만들어져 발음 기관의 움직임으로 정확하게 표현된다. 예를 들어, ㄱ은 혀뿌리가 목구멍을 막는 모습을, ㅏ는 입이 벌어지는 모습을 형상화시켰다.

둘째 조합의 과학성이다. 자음과 모음을 조합하여 모든 소리를 표현한 설계다. 이 조합 방식은 매우 체계적이고 효율적이며 새로운 단어를 만들어 내는데도 유용하다.

셋째 한글은 간단한 원리와 체계를 가지고 있어 구조를 이해하면 누구나 쉽고 빠르게 익힐 수 있다. 따라서 문맹률을 감소시키고 글자를 이해함으로 교육 수준을 향상시켰다.

넷째 한글은 복잡한 생각과 감정을 정확하고 풍부하게 표현할 수 있도록 설계되어 각자의 생각, 나라마다 다른 감정을 언어로 나타낼 수 있으며 소리 없는 묵음도 표현하는 유일한 언어다.

다섯째 인터넷시대에 적합한 글자다. 과학적 조합에 의한 자음과 모음으로 설계되어 빠르고 정확하게 글로 전달할 수 있다. 이는 신속 정확을 기본으로 하는 인터넷 환경에서 가장 빠르고 정확하게 소통할 수 있는 과학적 언어가 한글이다.

세계 최초의 인쇄발명 직지심체요절

세계 최초의 금속활자 인쇄물은 1377년 고려 때 제작된 직지심체요절(직지심경)이다. 목판인쇄물 무구정광대다라니경은 8세기경 신라시대에 제작되었다. 이처럼 한국은 목판인쇄물, 금속활자 인쇄물에서 세계 최초의 인쇄 발명기술을 가진 민족이다.

인쇄의 목적은 정보를 대량생산하여 보급하기 위함이다.

기록된 자료를 보급하고 정보 공유를 통해 문학, 예술, 과학, 기술 등의 다양한 문화를 확산하고 교육하는데 있다.

직지심경은 고려 말 백운화상 경한이 불교 경전을 요약하고 자신의 수행 체험을 제자들에게 가르쳤던 교리를 대중에게 전달하고자 인쇄물로 만들어 보급했다. 이처럼 인쇄물은 정보 전달과 보급으로 문화 예술, 과학, 기술 등의 정보를 나누고 전달하며 교육하는 수단이다.

종교개혁의 교리전달에 핵심적 역할을 한 성경 보급은 인쇄산업의 중요성을 일깨운 사건이다. 역사기록물 보존과 더불어 대중에게 인쇄물을 통해 널리 알리는 것이 중요하다. 기능과 기술을 전달하는 기록물은 인쇄물을 통해 보급되어 왔다. 한국전통적 인쇄물은 전통적 기술을 후대에 전수하여 오늘날 한국을 인쇄기술 강국으로 만들었다.

역사는 기록의 역사이고 인쇄물로 전래된다.

기록은 특정인의 소유물이 아니다. 한국의 전통적 기록물은 개인의 기록에서 대중적 정보로 전수되도록 만든 인쇄술의 발달에 있다. 역사적 사건의 정사기록과 개개인에 의하여 전해오는 야사의 기록은 인쇄를 통해 알려지고 있다. 세계 최초의 인쇄술을 가진 한국인의 우수성은 전통으로 이어지고 있다.

인쇄산업이 사회에 미치는 영향

인쇄산업은 인류발달에 큰 영향을 주었다. 인쇄기술 발달은 역사, 정치, 경제, 종교, 과학, 문학, 교육 전반에 커다란 변화를 이끌어 왔다. 문맹과 문명의 차이를 인쇄 산업이 허물었고 미래 정보사회에서 인쇄기술은 중요하다.

인쇄술이 정보, 지식의 대중화를 이끈다.

역사는 기록에 의하여 전래되고 기록물은 인쇄기술에 따라 가치가 결정되어 왔다. 역사 서적 인쇄를 통한 역사 연구가 발전하였고 역사 기록의 보존 등으로 역사 자료가 전래되고 있다.

정치에서 인쇄물은 중요한 홍보 및 정보교류에 영향을 주고 있으며 정치 선전물 인쇄나 신문 발행을 통해 여론을 형성한다.

경제적면에서 인쇄는 상업문서, 광고 인쇄물을 통한 사업활동과 출판산업 발전을 이끌어 왔다. 상품 홍보나 안내, 제품 사용설명 등으로 소비자에게 정보를 제공하는 역할을 담당했다.

종교적으로는 성경 인쇄를 통한 종교개혁과 불경 인쇄를 통한 불교 문화 발전을 이끌었으며 종교의 대중화에 큰 역할을 했다.

인쇄물은 과학이나 문학 발전을 이끌었다. 과학논문, 서적 인쇄를 통한 과학정보, 지식의 확산과 과학연구를 활성화 시켰다.

소설이나 시, 희곡 등의 문학작품을 대중에게 알려 작가들의 창작활동을 활성화시켰고 문학을 대중화시키는 역할을 하였다. 특히 교육분야에서 교과서, 참고서, 연구 서적 등의 인쇄를 통한 교육의 대중화와 문맹률을 감소시키는데 큰 역할을 담당했다.

인쇄술 발달
인쇄는 목판인쇄에서 활판인쇄, 디지털인쇄로 발달했다.

한국은 세계최초의 인쇄기술을 가졌다.

고려 시대부터 목판 인쇄술이 발달했다. 오늘날 디지털인쇄로 발달하기까지 한국의 인쇄기술과 기기 발명은 세계최초다. 글은 사건, 정보를 기록으로 남기고 전달하는 기능을 가지고 있어 대중적 가치가 크다. 기록은 사건을 후대에 남기는 발자취다.

인쇄술이 기록 문화를 만든다.

인류가 어떻게 변화되었고 무엇을 했는가에 대한 기록이다. 한국은 고조선부터 기록문화를 가진 민족이다. 기록은 문자로 만들어지며 어떤 문자를 사용하는가에 따라서 인쇄기술도 발달했다. 글자가 복잡하면 인쇄기술 발달도 어렵다. 한글은 간단하면서 구체적인 기록을 인쇄하기 용이하기 때문에 인쇄술도 발달했다.

인류가 언제 태어나고 무엇을 했는지를 알 수 있는 방법은 기록뿐이다. 글자가 없던 시기는 그림으로 표현했고 그림을 통해 사건을 추측하고 있다.

고구려 벽화에서 보듯이 문자는 그림문자, 표의문자, 표음문자로 구분되며 가장 오래된 문자는 벽화를 통해 파악하고 있다. 즉, 최초의 인쇄는 벽화 그림에서 시작되었다고 본다. 인쇄의 목적은 다수에 의한 대량 생산에 있다. 판서 본은 하나의 원본을 하나씩 복사하는 것이고 인쇄는 대량으로 복사하는 방식이다.

인쇄술은 대량 복사를 위해 시작되었고 목판에 조각하여 찍어내는 목판인쇄술이었다. 한국이 세계최초의 목판인쇄술을 보유하고 있다. 이는 인쇄기술을 통해 한국인이 발명한 기술이다.

인쇄술이 지배층 소유 문자 시대를 깼다.

동서양의 귀족사회는 문자 지배를 통해서 이뤄졌다. 귀족이나 양반만이 문자를 배우고 익혀 정보를 독점해 왔기 때문이다. 서민이나 하급계층은 글을 모르기 때문에 귀족, 양반들의 지배를 받을 수밖에 없었다.

15세기 중반, 구텐베르크가 발명한 인쇄술은 책을 대량 제작하게 만들었다. 마틴의 성경대중화 운동이 종교개혁을 이끈 핵심이었다. 이는 종교 지배자들이 성리교리를 독점하는 지배층에 대한 개혁이었다. 종교지배자들이 책을 소유함으로 종교인들을 지배하고 통제했으나 종교개혁으로 대량 생산된 종교서적은 누구나 내용을 알게 함으로 지배적 종교가 대중적 종교로 바뀌었다. 이처럼 인쇄술은 인류발달에 중요한 역할을 했다.

조선시대 세종대왕은 누구나 쉽게 글을 읽히도록 한글을 창제했다. 한글 자음은 발음 기관의 모양을 본떠 만들어졌다. 혀의 위치, 입술의 모양 등을 상형하여 직관적으로 소리를 표현하기 때문에 누구나 쉽게 글을 배울 수 있다.

한글은 말의 모든 소리를 정확하게 표기할 수 있도록 설계되어 외국어 발음을 표기하는데도 적합하고 다양한 언어를 표현하는데 유용하기 때문에 세계적 언어로 사용된다. 일부 나라가 한글을 자국어로 사용하는 사례가 증가하는 이유다.

이처럼 과학적인 한글은 생각하는 것을 표현하고 창의성을 표현하는데 뛰어나다. 문자의 대중화는 인터넷 시대에 정보소통의 편리함으로 신속정확한 의사전달의 수단이 되고 있다.

한국의 인쇄술은 생각한 것을 행동으로 표현하고 전달하는 한글의 우수성으로 창의적 발명을 확산시키는 역할을 했다.

5. 통신산업 - 통신기술(가야산 봉수대)

통신산업은 인류역사를 혁신시켜 왔다. 미래산업의 경쟁력도 통신산업에 달려있다. 신속정확하게 정보를 어떻게 전달하고 보안하는가에 따라서 미래 개인, 기업, 국가의 경쟁력이 결정된다.

고대부터 통신수단은 연기, 횃불, 북소리, 연 등을 이용하여 개인이나 국가의 소식을 전달했고 편지는 파발이나 새 등을 이용하여 전달했다. 고대 이집트는 파피루스에 그림문자를 새겨 편지로 전달했다. 전장의 긴급한 사태는 주로 봉화대를 이용했다. 밤에는 횃불을 낮에는 연기를 이용하여 정해진 신호로 전달했다.

통신 수단이 없었던 고대에 마라톤에서 페르시아와 그리스의 전투가 있었다. 작은 국가 아테네가 페르시아군을 물리치는 기적을 조국에 알리는 수단은 직접 전달하는 것이었다. 페이디피데스 병사는 약 40km를 쉬지 않고 달려와 "우리가 이겼다!"라는 승전보를 아테네 시민들에게 알렸다.

신속한 전달을 위해 로마제국 때에는 도로를 정비하고 역참 제도를 만들어 신속한 전달체계를 조성했다. 조선시대에는 파발마 제도로 통신체계를 만들었다. 봉수대의 취약점은 비나 눈이 오고 바람이 심하게 불면 전달하는 것이 문제이었다.

한국은 봉수대가 발달한 국가다.
삼국시대부터 봉수대가 만들어졌다. 백제는 몽골침입을 봉수대를 이용하여 침입 사실을 알렸다. 삼국시대 만들어진 가야산 봉수대를 비롯하여 고려, 조선시대를 걸쳐 전국에 봉수대가 설치되어 신속한 통신체계를 만들었다.

통산산업의 혁신
1969년 인터넷 발명은 통신산업의 혁신이었다. 3차 산업혁명을 만든 인터넷은 정보통신혁명이다. 통신은 소식을 전달하는 방식에서 정보를 전달하고 공유하는 시스템으로 지구촌을 하나의 공간과 시간대에 공존하게 만들었다.

고대 통신 수단은 거리, 시간, 날씨 등에 제약을 받아 정보의 양이나 정확한 전달에 한계가 있었다. 동서양의 많은 국가들은 끊임없이 더 나은 통신 방법을 찾기 위해 노력했다. 인터넷은 거리 시간, 날씨 등에 제약을 받지 않는 통신이다. 그러나 통신에 대한 보안문제가 심각하여 보안시스템을 개발해야 했다. 이후, 인터넷은 신속정확한 전달과 보안을 유지할 수 있게 되었다.

통신산업은 현대 사회의 핵심 동력

통신산업은 전화나 인터넷 서비스 제공의 차원을 넘어 현대 사회의 모든 것과 연계되어 있다. 통신산업은 생활환경을 급속하게 변화시키고 있으며 교육환경을 변화시켜 새로운 미래사회를 이끌어가는 원동력이 되고 있다. 혈관처럼 사회 전반을 하나의 고리로 연결시켰으며 통신을 기반으로 모든 정보교류와 실생활정보를 제공하고 있다. 통신은 교통, 교육, 보안관리, 고객관리 등의 사회전반을 연결하는 핵심으로 지구와 우주를 연결하는 미래산업분야로 발달하고 있다.

한국은 봉수대의 역사적 경험을 바탕으로 통신산업의 선도국가로 부상했다. 단순한 정보 통신에서 경제, 문화, 교통, 교육 등의 사회전반을 새로운 환경으로 만드는 선도국가다.

2D에서 3D로 혁신

고대 통신방식을 2D라고 한다면 3D, 4D, 5D를 지나 6D로 급속하게 발달하고 있다. 이는 전송속도 차이와 전송 데이터 양의 크기를 말한다. 단순한 사진이나 자료 전송을 2D라고 한다면 3D 모델, 3D 프린팅, 3D 영상 전송을 3D라고 구분한다.

이동통신의 변화

2G(2세대 이동통신)
아날로그 방식에서 디지털 방식으로 전환된 첫 세대의 이동통신 기술이다. 음성 통화와 문자 메시지 전송으로 속도가 느리다.

3G (3세대 이동통신)
음성 통화에서 저속 데이터 통신으로 모바일 인터넷 시대의 시작이다. 2G보다 전송속도와 데이터량이 증가했다. 동영상 스트리밍이나 온라인 게임과 같은 방대한 데이터 전송 속도는 느리다.

4G (4세대 이동통신)
3G에 비해 빠르고 스마트폰 시대를 본격적으로 열었다. 고화질 동영상 스트리밍, 온라인 게임, 소셜 미디어 등 다양한 데이터 중심 서비스를 원활하게 이용하게 되어 모바일 결제도 가능해졌다.

5G (5세대 이동통신)
4G보다 빠르고 초고속, 초저지연, 대규모 연결이 가능하다. 이를 통해 자율주행 자동차, 스마트 시티, VR/AR 등 새로운 서비스를 제공하는 기반이 되었다
6G는 미래 통신기술로 개발되고 있다.

통신산업과 정보산업
봉수대로 시작된 통신산업은 정보산업으로 확산되어 미래를 이끌어가고 있다. 5G로 급속하게 변화되는 미래는 정치, 경제, 산업, 교육의

모든 분야를 총괄하며 미래 우주산업을 이끌어 가는 힘이고 비결이다.

한국은 우주산업의 후발주자이지만 정보통신산업의 선도국가이기에 우주산업을 이끌어갈 힘을 가지고 있다. 우주통신산업의 핵심인 인터넷망이 세계최고이고 인적 자원도 풍부하기 때문이다.

특히, 미래산업을 이끌어갈 창의적 사고와 발명적 사고를 지니고 있다. 이는 고대부터 이어 내려온 봉수대 같은 통신수단의 전통성에서 이어지고 있다.

정보교류는 언어가 중요하다. 한글은 정보교류를 신속정확하게 전달하는 과학적 언어로 미래우주정보통신에서 유리하다. 신속정확성은 언어의 전달에서 유리하고 언어적 표현에서 유리하다.

한국어는 뜻을 전달하고 표현하는 과학적 언어로 생성형AI 챗봇GPT에게 정확한 질문으로 원하는 정보를 얻을 수 있는 장점을 가지고 있어 우주 통신산업에서 정보수집과 분석에 유리하다.

한국은 높은 교육수준과 과학적 한글로 정보전달에 효과적이다. 따라서 세계 최고 수준의 디지털 인프라와 스마트폰 보급률이 정보통신 선도국가의 위상을 만들고 있다. 이는 문화, 예술, 교육의 학술, 엔터테인먼트, 뉴스 등의 다양한 분야에서 방대한 양의 한국어 콘텐츠로 생산되고 있다.

생성형 AI 챗봇GPT시대에 필요한 방대한 정보가 생성되고 이를 원활하게 공유함으로 미래정보시대에 한국인의 창의성과 독창성에 의한 지식재산권도 증가되고 있다.

5G 통신의 선도국가 한국의 비결

한국은 초고속 인터넷 보급률이 세계 최고로 5G 상용화에 성공했다. 한국은 통신망이 단위면적으로 가장 많이 형성된 국가다.

5G 상용화를 위한 규제를 과감하게 완화하고 신속한 주파수 할당 등으로 기업 투자를 장려했다. 따라서 세계 최고 수준의 고속 인터넷 보급률은 5G 네트워크 구축의 기반이 되었다.

특히, 한국은 오랜 기간 IT 강국으로서의 이미지로 5G 기술 개발에 대한 국민적 관심과 기대가 높아 있다. 한국의 5G 성공은 정부, 민간기업, 국민들의 노력의 결과다. 5G를 통해 게임, 영상, 인터넷 거래 등의 높은 사용률이 5G 개발을 촉진시켰다.

5G는 3차원 공간에서 시간의 축을 추가한 4D 영화, 시뮬레이션 등의 방대한 자료를 전송하고 5G는 4G에 추가적인 차원을 더하여 더욱 복잡하고 다양한 정보 전송으로 촉각, 온도 등의 현실적인 가상 경험을 전송함으로 미래통신으로 6G의 3차원 공간에서 가상현실(VR), 증강현실(AR), 자율주행, 원격조정 등의 통신으로 확산되고 있다.

한국의 5G 선도국 비결은 우수한 ICT 인프라와 기술력에 있다.

세계 최고 수준의 고속 인터넷 인프라가 5G 상용화의 기반이 되었고 풍부한 IT 인력과 우수한 기술력 개발은 기업에서 적절하게 활용했기 때문이다.

5G 인력개발 프로그램은 젊은 인재들이 적극 참여함으로 관련기업들의 적극적인 지원도 가능했다. 교육받은 인재들이 취업을 통해 지속적인 개발을 했기 때문이다. 이처럼 프로그램개발은 교육과 연계된 기

업의 참여가 동시에 이뤄져야 한다.

6. 조선산업 - 선박기술(판옥선, 거북선)

바다는 육지보다 넓다. 지구의 70%가 바다다. 삼면의 바다를 지니고 있는 한반도는 육지보다 바다의 의존도가 크다. 바다는 다른 대륙과 연계되는 길이다. 세계무역의 70%가 해상운송으로 반도체, 의약품 등의 고부가가치의 제품은 항공운송으로 한다. 철강, 석유, 곡물 등의 무거운 제품은 해운으로 운송하고 전자제품, 의류, 의약 등의 가볍고 빠른 배송은 항공으로 수송하고 있으나 해운 운송의 비중이 크다.

바다는 운송뿐만이 아니라 어업으로 식생활에 큰 비중을 차지한다. 어업기술의 발달은 국가에 따라 전체 경제에 큰 영향을 주고 있으며 한국 어업기술은 오랜 전통적 역사를 지니고 있다.

어업은 조선업 발달로 운송과 더불어 발전해 왔다.
튼튼하고 안전한 배를 만드는 기술은 지역마다 환경적 조건에 따라서 발달했다. 한국의 지역 환경은 소나무가 많고 잣나무, 참나무, 느릅나무 등이 많아 배를 건조하는데 사용했다.

판옥선은 재료의 특성에 따라 사용하는 용도를 선택했다.
소나무는 강도가 강하고 가벼워 배의 골격을 이루는 용골, 늑골 등에 주로 사용하였고 잣나무는 소나무보다 결이 곱고 내구성이 좋아 선미나 갑판 등에 사용했으며 참나무는 단단하고 무거워 배의 하부나 물과 접촉하는 부분에 사용되어 배의 내구성을 높였으며 느릅나무는 탄

력성이 좋고 잘 휘어져 배의 곡선 부분을 만드는데 사용하였다.

이처럼 실생활이나 경험에서 얻은 선박기술은 한국인의 창의성으로
잠재되어 오늘날 조선 산업 기술로 발달했다.

조선산업의 기반 철강기술

목선에서 철선으로 바뀌면서 철강기술이 조선산업 기술의 핵심으로
부상했다. 앞서 제시하였듯이 한국은 고조선시대부터 이어져 오는 철강
기술이 뛰어난 민족이다. 철을 잘 다루는 기술은 선박기술로 발전했다.

오늘날 철강은 조선 산업의 핵심 소재로 선박 건조에 철골이 핵심적
역할을 한다. 다양한 배를 건조하는 기술의 핵심이 철강기술에 있다.
한국은 전통적 청동기 기술, 철기기술을 가진 민족이다.

청동기 시대에 축적된 금속 가공 기술과 경험은 철기 시대로 자연스
럽게 이어져 왔으며 철강기술의 핵심기술이 되었다. 특히, 청동기 기술
의 블루머리 제련법은 고대 철기 시대에 사용된 철 제련 기술이다. 철
광석을 높은 온도로 가열하여 철을 추출하는 이 기술은 현대 철강기술
의 기초가 되었다. 블루머리 제련법의 원리는 현대의 고로 제철법에 적
용되어 철광석을 고온에서 용융하여 철을 추출하는 기술로 발전했다.

따라서 한국의 조선산업은 오랜 역사와 전통 속에 현대기술과 결합
되어 세계적인 기술로 발달했다. 이러한 기술발달에는 한국인의 우수
한 창의적 사고와 손재주가 기술적 혁신을 이끌었다.

청동기 기술의 핵심은 합금기술과 주조기술이다. 질 좋은 철을 생산
하는 능력이 철강산업의 경쟁력으로 한국철강 기술의 비결이 되었다.

철을 잘 다룬다는 것은 합금기술과 주조기술이 뛰어나다는 것을 의미한다. 고조선 청동기 기술에 의한 비파형 동검, 세형 동검, 거울, 칼, 찌르개 등은 오늘날 철강기술과 선박기술이 되는 한국인의 창조적 기술의 원천이다.

조선강국 한국의 비결

조선산업은 단순히 배를 만드는 차원을 넘어 국가 경제 성장과 무역 발전에 큰 영향을 주었다. 조선업의 발달은 많은 선박기술자를 양성했고 일자리를 창출시켰다. 따라서 한국 경제 성장의 주요 동력으로 국가 경제 발전에 핵심적 역할을 했다.

한국은 전통적으로 선박기술이 발달했다. 이러한 조선기술의 발달이 오늘날 조선강국을 만들었다. 한국인의 손기술은 용접기술과 더불어 조선산업의 발달을 이끌어 왔다. 선박 제조에 재료의 특성을 적절하게 이용하였으며 이를 선박구조에 적절하게 적용함으로 우수한 배를 만드는 용접기술로 전수되었다.

한국선박 역사

한국 선박 역사는 약 8천년 전부터 시작되었다.

선사 시대는 통나무를 뗏목이나 배 모양으로 엮어 만든 원시적인 배를 사용하였으나 고조선 청동기 시대부터는 해상 활동을 위한 목책선을 제작하였고 삼국시대 고구려 때는 고난선의 전함을 제작하였으며 백제 조선기술은 신라의 신라선, 고래잡이선 등의 뛰어난 조선 기술을 발휘하며 무역선으로 발달했다.

고구려 배는 강을 중심으로 운송과 물류를 담당했으며 신라 배는 바다를 항해하며 해상 무역과 군사 활동으로 사용했다.

고려 시대에는 대규모 조선소를 설치하여 고려청자 운반선 등 다양한 선박을 제작하였고 조선 시대는 조운선, 사조선, 포선 등 의 다양한 선박을 제작했다. 임진왜란과 병자호란 해전 승리를 위해 판옥선을 개조한 세계최초의 철갑 거북선을 제작하여 학이진법과 같은 세계적 해양 전략의 업적을 만들었다.

근대 한국의 조선기술 발달

근대 한국의 조선 기술은 목선 중심에서 근대적인 철선 건조기술을 도입하면서 급속한 발전을 했다. 철선 제작에 전통 철강기술을 결합하여 독창적인 조선기술로 고부가가치가 높은 첨단 선박을 가장 많이 수출하는 국가로 급성장했다.

고부가가치 선박 개발

LNG 운반선, 하이브리드 추진선 등 저탄소 선박 기술을 국산화시켰다. 따라서 초대형 컨테이너선 등 고부가가치 선박 개발을 추진하면서 친환경시대 수소, 암모니아, 전기 추진 선박 등 무탄소 선박 기술 개발하여 첨단선박기술을 선도하고 있다.

IT강국 장점을 활용하여 인공지능(AI), 사물인터넷(IoT), 빅데이터 등 정보통신기술(ICT)을 활용한 스마트 선박제조 기술개발은 전통적인 조선기술을 바탕으로 급속하게 발전하고 있다.

인공지능(AI), 빅데이터 등 4차 산업혁명 기술을 적용한 자율운항 선박 개발과 스마트십 기술 개발을 통해 선박의 안전성과 효율성을 높이고 있다. 탄소중립을 위한 환경 규제에 대응한 친환경 선박을 개발하고 조선소의 생산성을 높이기 위해 스마트 야드 구축과 기자재 생산 공정 자동화를 선도하고 있다.

고부가가치 선박건조 능력보유

극저온 환경에서 안전하게 LNG를 운송하는 특수기술 보유와 세계 최대 규모의 컨테이너선을 건조한다. 한국은 글로벌 물류 시장의 흐름을 주도하며 해양자원 개발과 다양한 해양플랜트 건조를 위한 해양 엔지니어링 기술의 경쟁력을 가지고 있다.

미래 선박시장의 전망

지구 표면 70%가 물이다. 선박은 운송, 어업, 여행, 레저, 군사 방위 등으로 다양한 범위에 사용되고 있으며 생태계 보존을 위한 해양연구는 인류 생존과 직결되고 있다.

좀 더 친환경적이고 IT 기술에 의한 자율 운항과 스마트 선박체계로 운항 효율성을 높이고 안전성을 확보하는 스마트십 기술이 확산되고 있다.

지속가능성을 위한 친환경 연료의 장거리 운항 선박에 적용 가능한 SMR 기술 개발 등은 해운 산업의 새로운 기술개발로 비용절감과 안전성 확보로 선박시장이 확대된다.

① 친환경 선박
② 자율 운항 선박
③ 스마트 선박
④ 해양 데이터 플랫폼

해양 데이터 플랫폼은 방대한 해양 데이터를 수집, 저장, 분석하여 다양한 해양 관련 서비스를 제공하는 시스템이다. 구글 지도가 육지를 보여주듯이 해양 데이터 플랫폼은 바다의 다양한 정보를 시각화하고 분석하여 사용자에게 제공함으로 운송이나 어업, 해양 연구, 태풍 등이 기후예측, 레저 등의 정보를 제공한다.

미래 선박 시장은 지속 가능성과 디지털 기술의 융합을 통해 혁신적인 변화가 이뤄진다. 70%의 바다가 지니고 있는 인류생활에 미치는 영향은 크다. 한국 선박기술의 발달은 이러한 역할을 하고 있으며 지속가능성과 디지털 기술발전을 이끌고 있다.

2부 한국의 발명문화 − 21C 융합적 사고를 가진 한국인

세계 특허출원 4위의 한국 비결은 무엇인가?

발명은 특허로 권리를 보장받으며 특허발명품 확보는 개인, 기업, 국가의 경쟁력이다. 특허의 역사는 고대 그리스에서 시작되었으며 체계적인 특허 시스템은 1474년 베니스에서 처음 도입되어 유럽, 미국이 선도하였고 한국은 1946년에 제정되었으나 과학발명역사를 바탕으로 세계4위 특허 출원국이다.

한국이 짧은 기간에 세계적 특허출원국이 된 비결은 선천적 손기술과 감각 기술로 끝없는 창작을 이끌어 온 발명역사와 발명교육에 있다. 감각은 선천적 창의성 DNA에 의한 기술이다.

감각 기술(Sensor Technology)

한국인은 감각적 기술이 뛰어나다.

감각적 기술은 증명할 수 없고 설명할 수 없는 기술이다. 고조선의 다뉴세문경 비결이 아직도 증명하고 설명하기 어려운 것처럼 과학적이고 이론적으로 증명하고 설명할 수 없으나 실질적 문제를 해결하고 과학발명으로 만드는 감각적 기술이 있다.

감각적으로 느끼고 판단하는 것은 손과 몸이다.

손으로 온도를 감지하고 색상을 구분하며 방법을 찾는 기술은 오랜 경험에서 창출된다. 이처럼 한국인의 손기술에는 감지하고 탐지하고 측정하는 감각적 장인기술이 있다.

장인기술은 감각기술이다.
일반인이 느끼지 못하는 감각을 느끼고 반응하며 문제를 해결한다.
이러한 장인기술은 선천적이고 반복 경험에서 나온다.

감각기술은 4가지 감각, 몰입, 경험, 상호작용으로 구분되며 어디에
어떻게 기술을 적용하는가에 따라 창출되며 한국인의 창의성 DNA가
4가지 잠재적 감각기술로 창출되고 있다.

① Sensual Technology는 "감각적"을 강조하면 감각을 자극하
고 즐거움을 주는 VR(Virtual Reality)이나 AR(Augmented
Reality) 기술처럼 시각, 청각 등 오감을 활용하여 몰입감을 높
여 주는 기술이다.

② Immersive Technology는 몰입형 기술로 사용자가 가상 환경에
완전히 몰입되어 현실과 과거, 미래를 구분하기 어려운 경험을
제공하는 360도 영상, 햅틱 기술 등이다

③ Experiential Technology는 경험 중심 기술로 사용자에게 특별
하고 기억에 남는 경험을 제공하는 예술 작품, 전시, 각종 게임
등으로 창출된다.

④ Interactive Technology는 상호 작용기술로 사용자의 입력에 따
라 반응하고 소통하는 터치스크린, 음성 인식, 제스처 인식 등
으로 미래기술을 이끌어 가는 잠재적 감각기술이다.

미래기술 6T(6 Technology)

미래기술은 IT(Information Technology), BT(Biotechnology), NT(Nanotechnology), ET(Environmental Technology) ST (Space Technology),CT(Culture Technology) 6가지로 구분되며 한국은 미래기술 선도국가의 하나다.

6가지 기술의 핵심이 경험적 감각 기술이다.
첨단기술에는 증명하고 설명하지 못하는 감각기술이 있다.

한국 경제기적을 만든 과학발명 비결이 감각 기술이다. 5,000년 과학발명 역사 속에 잠재된 감각기술이 6.25 폐허 속에 기술강국으로 경제를 부흥시켰다. 미래기술을 한국이 선도적으로 이끌어 가는 비결에는 설명할 수 없는 감각기술이 있다.

감각기술은 가감승제변 5가지 방법으로 문제를 관찰하고 분석하는 생활 속 문화에서 창출되고 있는 창조적 DNA다. 5,000년 역사속에 이어져온 감각적 창의성은 생활과 문화에서 자연스럽게 습득되어 왔다. 따라서 한국인은 보고 듣고 만드는 감각적 소질과 능력을 가진 민족이다.

감각기술은 동기를 유발시키는 교육으로 자극되며 남과 다른 창의성을 이끌어내는 전통 문화와 방법교육으로 창출된다.

1. 한국인의 손기술 - 젓가락문화

손은 뇌와 직결되어 있다. 뇌는 신체구조와 행동, 정신적 판단 등의 모든 것을 총괄한다. 뇌는 눈에 보이지 않기 때문에 뇌를 자극하는 방법이 손이다. 손 세포는 뇌와 직결되어 뇌를 자극한다.

손기술은 기능적 요소와 기술적 요소 등의 신체발달과 활동을 동시에 담당하고 있으며 뇌가 판단하도록 사물과 접촉하는 기능을 담당하고 있다. 따라서 뇌를 발달시키는 것이 손이고 손에 의하여 습득된 행동이 습관과 사고력, 생활방식 등을 만든다. 즉, 손기술 발달은 뇌를 자극시켜 인지 능력, 창의성, 정서 발달, 사고력 등의 모든 것을 훈련하고 습득하게 만든다.

손동작이 빠른 사람과 느린 사람의 차이는 무엇일까?
손기술은 생활습관에서 훈련된다. 잡고 집는 손기술은 반복된 훈련으로 습득된다. 젓가락 문화를 통해 익힌 기술성과 빠른 속도가 정교하게 도구로 잡거나 집으며 뇌를 발달시킨다.

한국인의 젓가락 사용이 뇌를 발달시켰다.

손에는 30여 개의 관절과 60여 개의 근육이 움직여 신경을 타고 대뇌를 자극하여 뇌세포가 발달한다. 한국인은 식사를 하면서 젓가락을 사용하기 때문에 뇌가 지속적으로 발달했다.

손은 촉감으로 기술력을 키운다.

손을 통해 느껴지는 모든 감각은 손 감각이지만 온도, 압력, 진동 등을 느끼는 것은 촉감이다. 손을 통해 물체의 표면, 질감, 형태 등을 판단하여 반응하는 것이 손기술이다.

한국인의 젓가락 문화

어떤 젓가락을 사용하는가에 따라 뇌 자극이 다르다. 한국인은 쇠젓가락을 사용하는 유일한 민족이다. 쇠젓가락은 나무보다 다루기가 어렵고 균형 감각이 필요하기 때문에 손의 근육과 관절을 사용하여 뇌를 효과적으로 자극시킨다.

한국의 젓가락문화는 어려서부터 젓가락질을 해서 손을 많이 사용하게 만들어 지능도 높이고 사물에 대한 판단력도 키운다. 젓가락으로 무엇을 어떻게 잡을 것인가, 집을 것인가? 라는 판단과 식별훈련은 뇌의 판단력과 결정력을 키운다.

뇌는 손을 움직이는데 신경세포의 30%를 쓰기 때문에 손가락을 사용하는 한국인의 젓가락 생활문화가 창의성을 신장시켰다.

젓가락문화는 과학적 습관을 키운다.

쇠젓가락은 무게중심운동으로 과학적 관찰과 사고력을 키우고 젓가락 사용으로 지속적인 자극에 의한 촉감이 발달함으로 손기술이 발달한다. 특히 쇠젓가락의 무게가 손의 균형과 감각을 조절함으로 손기술을 발달시킨다.

정교함과 무게중심은 반복된 손기술에 의한 감각이다. 젓가락의 모양이나 무게에 따라서 어느 부분을 잡아야 편리하고 자유롭게 젓가락을 사용할 것인가를 결정짓는 것은 젓가락을 사용해야 판단할 수 있다. 운동선수가 무게중심을 잡는 기술도 반복된 훈련과정에서 습득된 균형감각에서 나오는 것과 같다.

기술은 생활습관 문화에서 습득된다. 문화는 반복되는 생활에서 습관이 된다. 과학적 관찰이나 분석은 기술적 습관에서 자연스럽게 창출되는 것으로 손기술을 만드는 문화가 중요한 이유다.

발명은 두뇌와 손으로 만든다.

개선과 혁신을 생각하는 것은 두뇌이지만 어떻게 개선하고 혁신할 것인가를 만드는 것은 손이다.

발명아이디어는 두뇌가 창출하지만 생각한 것을 발명품으로 만드는 것은 손기술이다. 두뇌와 손이 결합되어 융합적인 기술로 만들어 내는 손은 발명의 꽃이다. 꽃이 없는 나무처럼 아이디어만 있고 실제로 만들 수 없다면 발명적 가치를 창출하지 못한다.

어떤 것을 어떻게 개선하고 혁신할 것인가?

손기술에 의하여 방법을 해결한다. 같은 재료이지만 요리하는 사람의 손맛에 따라 음식 맛이 다르듯이 손기술에 의하여 발명품의 가치도 달라진다.

발명품의 정교성은 손기술이다.

발명품 기능성은 체계적 구조를 만드는 섬세한 기술에서 나온다. 생각은 설계를 만들지만 설계를 기능으로 만드는 것은 손기술이다. 반도체 생산기술은 손기술이다. 레오나르도다빈치가 하늘을 날아가는 날틀을 설계를 했지만 실제로 날리지 못한 이유는 모형을 만들지 못했기 때문이라고 한다. 한국이 비거(날틀)을 실제로 만들어 하늘로 날린 것은 손기술의 차이다.

발명은 만드는 제작과정에서 처음에 설계했던 발명품이 변경되는 경우가 많다. 에디슨이 전구의 필라멘트를 1999번 실패를 통해 성공한 것은 제작과정에서 문제점을 발견하고 소재와 방법을 바꾸었기 때문이다. 만드는 과정에서 생각했던 것과 달라지는 것은 손재주에 달렸다.

포크와 젓가락문화의 차이

포크는 하나이지만 젓가락은 두 개를 조절해야 한다. 포크는 간단하게 사용하지만 젓가락은 두 개를 조절하며 균형을 맞추어야 젓가락 기능을 발휘한다. 따라서 젓가락은 생각을 조절하고 손가락을 균형 있게 움직이기 때문에 생각하고 행동하는 뇌로 만든다.

무엇을 어떻게 집을 것인가?

포크는 자유롭게 잡고 사용하지만 젓가락은 사용하기 전에 어떻게 젓가락을 잡을 것인가를 결정하고 어떻게 집을 것인가를 생각한다. 따라서 뇌를 사용하는 방법이 다르고 손을 훈련시키는 방법이 다르다.

손기술은 반복 훈련으로 다양한 동작을 자유롭게 때로는 섬세하게 움직여 뇌를 발달시킨 젓가락 문화에서 발달한다.

젓가락의 특성

한국 젓가락은 나무, 쇠, 대나무 등 다양한 재료로 만들어졌으며 시대와 계층에 따라 다양한 젓가락 디자인으로 디자인 감각도 키웠다.

젓가락 사용 방법에는 예절과 규칙이 있으며 이는 사회적 지위와 교육
수준을 나타내기도 했다.

젓가락의 기능적 효과

젓가락질은 두께나 무게에 따라 다르다. 젓가락 길이가 짧거나 길거
나 가늘거나 두꺼워도 음식을 집을 수 있다. 또한 두 개 이상도 집을
수 있어 젓가락을 사용하는 방법에 따라 손기술을 발달시킬 수 있다.
젓가락은 아동기에 소 근육을 발달시키고 집중력을 키우는 뇌 기능 교
육효과도 크다. 인내와 끈기를 훈련시키는 젓가락 교육이 손기술을 통
해 한국인의 창의성을 키웠다.

젓가락 기술이 첨단기술을 키웠다.

한국이 짧은 시간에 반도체산업, 철강산업, 자동차 산업, 컴퓨터 정
보통신 산업 등의 첨단 기술 선도국가가 된 비결은 전통적인 젓가락
문화에서 습득한 손기술에 있다.

첨단기술은 손끝 기술이 필요하다.

섬세하고 정교하고 숙련된 기술은 손끝에서 나타난다. 이는 오랜 습
관적 행동으로 젓가락 문화에서 습득된 생활습관이고 행동적 반응이
다. 첨단기술의 정교성, 복잡성, 통합성은 생활 속에서 숙달된 젓가락
문화에 의한 한국인의 기술성으로 나타나고 있다.

고조선부터 내려온 불을 다루고 두드리는 철기기술은 오늘날 첨단
용접기술로 이어져 세계최고의 기술로 평가받고 있으며 빠르고 정교

한 손기술은 반도체산업, 정보통신 산업 등에서 첨단기술력으로 높게 평가받고 있다. 신속 정교한 첨단기술 발달의 비결이 젓가락 문화에 의한 습관화된 손기술과 두뇌 발달 때문이다.

발달된 손기술은 새로운 기술 습득에 빠르고 정교하게 새로운 형태를 디자인하는데 유리하다. 한국인의 디자인 감각도 손기술에 의하여 발달해 왔으며 손 감각을 통한 기술 발달이다.

장인기술은 손기술이다.

예술적 작품의 장인 기술은 오랜 경험에 의한 손기술이다. 감각적으로 반응하는 촉감에 의한 손기술이 예술적 장인기술로 나타난다. 장인기술은 오랜 시간과 노력을 통해 축적된 숙련된 기술과 경험을 바탕으로 독창적이고 고품질의 제품이나 작품을 만드는 능력이다. 자신만의 독창적 발명이다.

손기술의 발달

한국인의 손기술은 실생활에서 습득되었다.

한국인은 생활속에 손기술을 연마하며 창의성을 발달시켜 왔다.

식사를 하려면 숟가락에 담는 요령과 젓가락으로 집는 요령을 습득해야 했다. 무게중심을 잘 잡아야 쇠숟가락에 담을 수 있고, 집을 수 있다.

어떻게 담을까? 잡을까? 집을까?

생각하며 요령을 습득하는 과정에서 창의성이 발달했다.

손과 뇌 세포가 연결되어 손동작 연습이 뇌를 자극시키고 뇌에서 반응함으로 생각하는 방법을 손기술로 습득한다. 특히, 쇠젓가락은 세계에서 한국인들만이 사용하는 식사도구로 식습관을 통해 뇌를 발달시키는 식사문화다.

손기술의 발달 비결은 반복 동작이다.

자유롭게 쇠숟가락, 쇠젓가락을 반복 사용하면 손기술이 발달하게 된다. 미세한 손 세포가 손기술을 연마시키고 뇌를 자극시켜 무엇을 어떻게 할 것인가의 요령과 방법을 훈련시킨다.

손기술은 정교성과 기술성이다.

반도체 분야에서 한국인의 손기술은 정교성과 기술성으로 경쟁력을 창출하고 있다. 섬세한 관찰과 직감적 반응에 의한 분석행동이 정교한 반도체 기술의 효율성을 높이고 있다.

손기술은 컴퓨터 프로그램 개발에도 필요하다. 빠르고 정확한 컴퓨터 사용기술이 소프트프로그램 개발에도 적합하다. 한국은 스마트폰 사용인구가 많고 인터넷 속도도 빨라서 손기술이 첨단기술개발에 기반이 되고 있다.

2. 과학 통신기술 - 한글문화

통신의 근본은 언어를 통한 교류다. 인류가 사회를 이루고 살아가면서 가장 먼저 시작된 활동 중 하나가 서로간의 소식을 전하고 정보를 교류한 것이었다. 특히, 긴급한 사건이 발생할 때는 통신수단에 따라서 예방하거나 대비하고 해결하기도 한다.

통신은 언제부터 시작되었을까?

문자가 없던 시기에는 그림이나 몸짓 등이 통신 수단이었다. 동굴벽화에 그려진 수만 년 전 그림은 당시의 모습을 보여주는 통신으로 후대에 보여주는 기록이다. 인류는 수만 년 전 그려진 벽화나 유물들을 보면서 당시의 모습을 추측하고 무엇을 말하고 있는지를 상상하며 과거와 현재를 비교한다.

인류 통신의 시작은 문화로 정착되어 전래되어 오고 있다.

지역 간의 전통적 풍습은 각기 다른 문화로 국가 간, 민족 간의 역사가 되어왔다. 말과 글이 이러한 문화를 바탕으로 만들어졌다. 그 나라의 언어는 전통적 문화에서 만들어졌다.

따라서 7,000여개의 언어 중 한글은 유일한 과학적 문자로 한국민족의 과학적 문화와 역사를 의미한다. 과학적 언어로 소통한다는 것은 과학적으로 소통하고 있다는 것이다.

한글은 과학적 소통수단

과학은 철학을 근본으로 관찰하고 분석한 자료다. 과학적 언어는 내용이 구체적이고 명확하다는 것이다. 상대가 무엇을 말하고 무엇을 전달하고자 하는지를 알 수 없다면 소통의 부재이고 소통방법이 잘못되었기 때문이다. 신속정확하다는 의미는 가장 과학적으로 소통을 하기 때문이다.

생성형 AI시대 과학적 한글

무엇이 한국을 정보통신 선도국가로 만들었을까?

과학적 한글 때문이다. 한글은 자연의 하늘, 땅, 사람 3가지를 기본으로 음과 양으로 만들어진 과학적 글자로 자음과 모음이 결합하여 정확한 소리를 전달하고 표현한다. 이는 컴퓨터가 정확하게 질문을 인식하고 처리하는데 유리하다.

따라서 한글은 자연적 의미와 감성을 정확하게 전달하기 때문에 생성형AI와 정확한 의사소통이 가능함으로 생성형AI 기반 통신산업에 가장 적합하다.

한글의 규칙적인 구조가 컴퓨터 학습에 유리하다.

인터넷은 음성, 문자, 그림, 동영상 등을 빠르게 인식하고 전달한다. 특히, 문자는 짧은 단어로 많은 정보를 전달하는 것으로 한글과 결합된 음성, 그림, 동영상의 전달 속도에도 유리하다.

생성형AI는 질문에 따라 명료하고 정확한 답을 한다.

생성형AI, 챗봇GPT는 프롬프트에 따라 필요한 정보를 수집하고 분석하여 정보를 제공한다. 한글은 프롬프트의 질문단어를 명료하고 정확하게 이해할 수 있기 때문에 생성형 AI 챗봇GPT도 필요한 정보를 수집하고 분석하는데 효과적이다.

생성형이란 정보를 수집하여 질문에 적합한 정보로 만들어 내는 것을 의미한다. 기존의 정보만을 제공하는 차원에서 AI가 수집한 정보를 질문요지에 적합하도록 AI가 새롭게 만들어 제공하는 정보이다. 따라서 수집하는 정보가 정확해야 하고 명료한 질문이어야 단계적이고 구체적인 논리로 적합한 정보를 생성할 수 있다. 생성형 정보는 수집과 분석에 의해 만들어지기 때문이다.

명료한 프롬프트의 한글

명료한 프롬프트란 생성형 AI에게 자신이 원하는 정보를 얻기 위해 정확하고 구체적인 질문의 언어다. 애매한 단어나 질문은 생성형AI가 정확하게 이해하지 못하기 때문에 애매한 정보를 수집하고 분석하여 제공하게 된다.

요리 레시피처럼 정확한 재료와 조리법을 명시해야 원하는 요리를 얻을 수 있고 자신이 원하는 요리를 만들거나 먹을 수 있는 것과 같다. AI에게 명확한 질문은 명확한 단어와 문자이다.

명료한 프롬프트가 필요한 이유는?

첫째로 정확한 결과를 도출하기 위함이다. 명확한 프롬프트를 통해 AI는 사용자가 원하는 결과를 더 정확하게 생성할 수 있으며 필요에 따라 생성형 AI의 정보로 새로운 정보를 제공할 수 있다.

둘째로 질문이 명료하기 때문에 정보수집과 분석이 빠르다. 따라서 불필요한 시행착오를 줄이고 원하는 결과를 빠르게 얻을 수 있으며 제공한 정보에 대한 추가적인 질문을 제공받을 수 있다.

셋째로 질문자와 AI간의 효율적인 소통이다. 명확한 단어와 구체적인 문장으로 AI에게 정확한 질문을 함으로 AI는 신속정확한 정보를 수집하여 분석한 정보를 제공함으로 서로 간 정확하고 원활한 소통이 가능하다.

한글은 구체적이고 정확한 언어

단어는 두 가지 이상의 의미를 가지는 경우도 있고 발음에 따라서 의미가 달라지는 언어도 있다. AI가 인식하기에 애매한 언어는 애매한 정보를 제공하게 된다. 한글은 하나의 의미를 정확하게 AI가 인식

함으로 질문에 가장 적합한 정보를 수집하여 제공한다. 한글은 구체적인 언어에 정확한 단어로 구성되어 있기 때문이다.

통신은 속도다

좀 더 빠르고 정확하게 소식을 전달하기 위해 봉수대를 거리에 비례하여 중간 중간 여러 개를 설치하여 소식을 전달했다. 이는 오늘날 인터넷 송수신기 설치방식과 같다. 산악지역이나 섬, 지하실 등은 인터넷 연결이 어렵다. 한때, 지하철에서는 인터넷 사용이 어려웠다. 지금은 열차마다 인터넷 송수신기를 설치하면서 지하철에서도 원활하게 인터넷을 사용 할 수 있게 되었다.

문제는 인터넷망의 속도다. 송수신기마다 속도가 다르다.

송수신기는 유선과 무선으로 구분되며 망에 따라서 속도가 다르다. 통신선과 중계기 설치에 따라 원활한 송수신을 할 수 있다. 봉수대의 위치와 높이에 따라 횃불이나 연기를 볼 수 있는 거리가 한정되었듯이 중계기망은 인터넷망을 연결하는 핵심이다.

한반도에 설치되었던 700여개의 봉수대처럼 한국은 인터넷 중계기망이 전국에 설치되어 어디서나 신속정확하게 전달하는 기능적 역할과 안보 및 재난에 대비하는 역할을 동시에 하고 있다. 세계에서 가장 밀접하게 설치된 중계기 망은 전통적인 봉수대 같이 한국 통신발달과 속도개발에 중요한 역할을 하고 있다.

인터넷망은 정교한 네트워크와 다양한 신호 체계로 자연 환경과 조화를 이룬다. 무질서한 인터넷망보다 체계적이고 친환경적인 인터넷망을 설치하는 것이 효율성과 효과성이 크다. 이러한 인터넷망 설치에 대한 디자인적 감각도 한국은 전통적인 봉수대 설치를 통해 자연스럽게 습득된 생활 속의 지혜다. 자연지형을 활용하면서 봉수대를 설치했던 조상의 지혜가 효율적인 인터넷망 설치로 속도를 높였다.

한글의 글로컬 문화

글로컬이란 '글로벌(global)'과 '로컬(local)'의 합성어로 하나의 지구촌 문화 속에 국가별 지역의 특성과 문화를 적용하여 가치를 창출하고 있다. 한글은 세계적 글로컬 문화의 흐름 속에서 세계와 소통하며 끊임없이 변화하고 발전하며 언어가치를 창출했다.

태국, 베트남, 인도네시아 등 동남아시아를 비롯하여 프랑스, 독일 등 유럽 국가와 미국의 많은 대학들이 한국어를 선택하면서 한국어가 제2 외국어로 사용되고 있다. 인도네시아의 찌아찌아족은 한글을 학습하고 사용함으로 글이 없는 많은 국가에게 한글을 자국 언어로 사용할 가치가 있다는 것을 증명했다.

한글문화의 세계화는 K-팝, K-드라마, K-문학 등의 세계화로 급속하게 증가하고 있다. 특히, 발명특허를 통한 세계적인 첨단기술은 특허권으로 권리를 확보함으로 경제선도국의 위상을 높이고 있으며 한글을 통한 한국발명특허를 개발국에게 정보를 제공함으로 발명특허 세계화를 선도하고 있다.

한글이 한국발명에 미친 영향

한글의 과학적인 체계가 창의적 사고력을 키웠다. 언어는 뇌와 직결되어 뇌를 자극시킨다. 과학적 한글은 과학적 사고력을 키웠고 이러한 창의적 사고가 발명적 사고로 한국발명특허를 세계화시키는데 작용을 했다.

한글은 누구나 쉽게 배우고 사용할 수 있는 문자로 구성되어 있어서 한국의 문맹률은 세계 최하위이고 학문을 연구하고 개발하는데 기반이 되었다. 특히, 한글은 자연을 기본으로 인체구조에 의한 음과 양의 조합으로 만들어진 글자이기 때문에 글자가 지니고 있는 철학적 개념이 한글 글로컬 문화를 발달시켰다.

한국의 과학통신 산업의 비결

앞서 제시한 자료들은 한국이 짧은 시간에 세계 과학통신 산업을 선도하는 국가가 된 비결이다. 이처럼 과학통신 산업을 발달시킨 비결을 분석하면 다음과 같다.

첫째로 손재주에 의한 기술인 양성이다.

6.25 폐허 속에 한국은 기술인 양성을 위한 정책으로 손기술개발 프로젝트를 실시했다. 중소기업기술인 양성을 통해 선진기술을 도입하여 세운상가 등에서 다양한 장인들이 발굴되었다.

둘째로 과학통신 인적 자원의 양성이다.

한국은 세계적인 교육국가로 교육 시스템에 의하여 과학기술 분야 인재 양성에 집중했다. 과학 영재를 발굴하고 육성하는 교육시스템과 인적 자원 양성으로 지속적 연구개발을 지원했다.

셋째로 초고속 인터넷 인프라구축이다.

세계 최고 수준의 광대역 인터넷 보급률로 다양한 온라인 서비스의

발전과 디지털 전환을 가속화시켰다.

넷째로 스마트폰 보급률이다.

높은 스마트폰 보급으로 모바일 인터넷 사용이 활성화되어 다양한 모바일 애플리케이션과 서비스를 개발 했다.

다섯째로 5G 상용화다.

세계 최초의 5G 상용화로 5G 기술기반으로 다양한 서비스 개발과 산업 혁신을 주도하며 6G를 통한 더 빠른 가상현실, 메타버스, 인공지능 등 미래 핵심기술 기술개발을 추진하고 있다.

3. 융합적 융합기술 - 비빔밥문화

한국은 전통적으로 융합적 사고에 의한 풍습이 있다. 다양한 재료를 비벼서 만드는 비빔밥문화다.

비빔밥문화는 단순히 음식을 비벼 만드는 차원에서 한국인의 삶과 정신을 반영하는 문화적 풍습이다. 다양한 재료를 한 그릇에 담아 조화롭게 버무리는 풍습은 서로 다름을 인정하고 하나로 융합하는 한국인의 융합성으로 융합적 사고력을 키웠다.

비빔밥은 오래전부터 여러 가지 반찬을 비벼서 먹었던 풍습에서 유래되었다. 조선시대 궁중 음식으로 등장한다.

비빔밥문화가 한국인의 문제해결 능력을 키웠다.

첫째로 다양한 계층과 지역 사람들이 어울려 음식을 나누어 먹고 협동하는 공동체의식을 생활화시켰다.

둘째로 계절변화에 따라 제철 식재료를 사용하는 자연의 순리에 순응하며 적응하는 생활습관을 키웠다.

셋째로 서로 다른 재료를 비비는 과정에서 재료 특성을 살린 다채로운 색감과 풍성한 맛은 시각적, 미각적, 즐거움을 느끼는 정신적인 풍요와 여유로 창의적으로 생각하는 방법을 학습시켰다.

서로 다른 특성을 살려 시너지를 만드는 것이 비빔밥문화의 특성이다. 서로 다른 여러 개의 특성을 시너지로 만드는 방법은 다름을 인정하는 긍정적 사고와 융합적 사고다.

경쟁은 서로가 발전하는 기회이고 경쟁을 통해 서로가 협력할 수 있다. 한국은 삼국이 서로 경쟁하면서 공존해 왔던 역사적 경험을 가지고 고구려, 신라, 백제가 공존하며 함께 발전해 왔다.

생성형AI, 챗봇GPT시대 융합적 사고

생성형AI, 챗봇GPT정보는 융합정보다.

서로 다른 정보를 어떻게 융합시킬 것인가? 서로 다른 정보의 특성을 유기적으로 연계시켜 하나의 정보로 만들어 내는 것이 생성형AI, 챗봇GPT의 융합적 사고다.

오늘날 정보는 서로 다른 것을 유기적으로 연계하여 하나의 새로운 정보로 만들어 내는 생성형 AI, 챗봇GPT시대를 만들었다.

서로 다르기 때문에 새롭게 만들 수 있다는 융합적 사고는 한국인의 역사적 전통과 문화로 이어져 왔다. 서로가 다름을 융합하여 협동했던 품앗이 문화이고 비빔밥 문화다.

비빔밥은 재료의 융합에 따라서 다양하다.

재료에 따라 산채비빔밥, 육회비빔밥, 돌솥비빔밥, 콩나물비빔밥, 야채비빔밥, 해물비빔밥, 참치비빔밥 등으로 부르고 비비는 방식에 따라 비빔국수, 비빔냉면 등으로 부르며 지역 명칭에 따라 전주비빔밥, 평양비빔밥, 제주 돔베고기 비빔밥 등으로 다양하게 부른다. 챗봇 GPT정보와 같이 융합된 비빔문화다.

차세대 6T분야의 융합적 사고

정보통신 기술(IT), 생명공학 기술(BT), 나노 기술(NT), 환경공학 기술(ET), 우주항공 기술(ST), 문화콘텐츠 기술(CT) 등의 미래기술분야에서 생성형AI 챗봇GPT를 활용하는 융합적 사고가 미래 기술을 선도한다. 생성형 AI가 6T(IT, BT, NT,ET, ST, CT)의 새로운 융합기술을 만들어 내고 있다. 각기 다른 특성을 독창성으로 만드는 비빔밥 융합기술이 미래 산업을 창출시키고 있다.

삼성카드, 인공지능 기반 챗봇 샘

상상을 현실로 만드는 융합기술

하늘을 날아가는 상상이 우주시대로 발전했다. 현실과 과거, 미래가 하나로 연계되는 시간과 공간을 초월하는 시대다.

2D 현실공간이 3D의 입체공간으

로 바뀌었고 3D입체공간에서 4D, 5D, 6D 가상공간으로 과거에서 현실로 현실에서 미래로 초현실 공간으로 바뀌었다. 비빔밥 융합기술이 상상을 현실로 만든다.

융합기술이 만드는 챗봇 GPT정보

첫째로 텍스트 생성과 창작
시, 소설, 기사 등 다양한 형태의 글을 작성하고 코드 생성, 번역, 요약 등으로 정보를 제공한다.
둘째로 이미지 생성과 창작
사진, 그림, 디자인 등 다양한 형태의 이미지를 합성하여 새로운 이미지를 생성하고 텍스트 설명을 바탕으로 이미지 생성하며 데이터에 의한 새로운 이미지를 창작한다.
셋째로 음악 생성과 창작
다양한 장르의 음악을 작곡하고 멜로디, 화음, 악기 등을 조합하여 새로운 음악을 생성하며 모든 정보를 융합하여 새로운 장르의 음악을 창작한다.
넷째로 영상 생성과 가상세계 구현
텍스트 설명이나 이미지를 바탕으로 영상을 만들고 합성영상으로 새로운 형상을 창작한다. 4D, 5D 등의 미래 가상 세계를 구현하고 시뮬레이션을 통한 다양한 환경과 조건을 제시한다

비빔문화의 융합적 사고는 공간과 시간을 초월하는 미래를 구현함으로 상상을 현실로 만들어 초현실사회를 이끌어 가고 있다.

비빔문화 융합기술

한국인의 비빔문화는 기존의 틀을 깨는 사고방식이다. 이를테면 물과 불은 결합될 수 없다는 틀을 깨고 물과 불을 융합시켜 증기기관이나 수소연료 등을 개발하는 발명적 사고다.(발상의 전환)

증기기관의 발명

물을 불로 끓여 발생하는 증기의 힘을 이용해 기계를 작동시키는 증기기관의 발명은 불로 물의 증발과 팽창을 통해 얻은 에너지를 이용한 물과 불을 결합시킨 융합적 사고의 비빔문화다.

수소연료 개발

물을 전기분해하여 얻은 수소를 연료로 이용하는 기술은 수소가 연소할 때 물이 생성되므로 물과 불의 순환관계를 이용하여 친환경에너지를 개발했다. 지구의 70%가 물이기 때문에 물 에너지 자원은 영원히 고갈되지 않는다. 융합적 사고의 비빔문화다.

에너지개발의 융합적사고

지구 자원은 한계가 있지만 비빔문화의 융합적 사고가 새로운 자원을 개발하는 비결이다. 신기술, 신소재를 개발하는 비빔문화의 융합적 사고는 기존의 틀을 깨고 새로운 환경과 조건을 만들어 새로운 것을 만들어 내는 방법이다. 생성형AI 챗봇GPT 정보도 같은 방법으로 생성되고 있다.

한국인은 비빔문화 속에 살아왔기에 자신도 모르는 융합방법을 습관적으로 창출한다. 이러한 문제해결방식과 도전정신이 6.25 폐허 속에서 산업경제, 기술발명의 기적을 만들었다.

비빔문화가 만든 미래적 사고

미래적 사고는 단순히 미래를 예측하는 단계에서 현재의 관점과 기존의 틀을 깨고 가상의 미래에 대한 새로운 가능성을 새로운 환경과 조건에서 생각하여 급속하게 변화되는 미래 사회를 만들어 가는 창의적 사고 방식이다.

새로운 환경과 조건이란 기존의 환경과 조건을 기반으로 존재하기 때문에 기존의 환경과 조건의 특성을 비벼서 만든 환경과 조건이다. 따라서 틀을 깨는 것은 기존을 기반으로 새로운 환경과 조건을 만드는 방법이다.

신소재, 신물질의 발견은 지구상에 없는 물질을 만드는 것이 아니라 아직까지 발견하지 못했거나 기존의 물질의 특성을 새롭게 찾아내는 것이다. 주변에 있는 재료를 바탕으로 새로운 맛을 만들어 내는 한국의 실생활 비빔문화다.

1592년 제1차 진주성 전투에서 진주성을 방어하며 일본군을 물리칠 때 김시민 장군이 성내의 모든 식재료로 비빔밥을 만들어 백성들과 병사들이 함께 먹으며 하나로 뭉쳐 싸웠다는 일화가 있다. 이처럼 비빔문화는 단순한 음식문화에서 백성을 하나로 결집시키는 역할을 했다.

뿐만 아니라 농촌에서 농사일을 하며 각자가 가져온 음식을 모아서 비빔밥을 만들어 함께 나누며 서로 협력하고 협동하는 민족 풍습이었다.

이처럼 비빔문화는 서로 다른 재료의 특성을 찾아내어 조화시키고 서로 다른 생각을 하나로 결집시키는 정신적 문화다. 비빔문화가 미래 사회의 융합적 사고를 창출시키고 있다.

비빔의 맛과 융합의 가치

비빔이란 같거나 다른 것을 버무리거나 섞는 방식으로 서로 다른 것을 융합시켜 새롭게 다음과 같이 만든다.

첫째는 다양한 요소를 하나로 모으는 방식이다.

음식 재료를 섞어 새로운 맛을 내는 것으로 서로 다른 분야나 개념을 결합하여 새로운 가치를 창출한다.

둘째는 조화로운 결합 방법이다.

다양한 요소들이 조화롭게 어울려서 비빔음식의 맛을 내거나 융합된 결과물을 창출한다.

셋째는 결합과 융합의 순서다.

무엇과 무엇을 융합하여 조화롭게 만들 것인가? 선택에 따라서 비빔음식이나 융합 정보의 맛과 가치가 결정된다. 비비거나 융합하는 순서에 의하여 맛과 가치도 달라진다.

물에 재료를 넣을 것인가? 재료에 물을 부을 것인가? 재료 순서가 음식의 맛을 결정하듯이 수집된 정보를 결합하는 순서에 의하여 정보 가치도 달라진다.

문제해결의 비결은 순서다.

병에 모래와 준비 된 자갈을 모두 넣는 방법은 자갈을 넣고 모래를 부어야 한다. 모래를 넣고 자갈을 담으려면 공간이 부족해서 모두를 넣지 못한다. 이처럼 생각하고 행동하는 것은 순서가 중요하다. 융합기술은 소재나 정보를 선택하고 융합하는 순서를 결정하는 방법에 따라 창출된다. 한국인의 비빔문화는 융합시대에 적합한 문제해결방법을 학습시켰다. 비빔과 융합은 새로운 것을 만들어 내는 방식으로 기존의 재료나 정보를 조합하여 결과물을 창출하는 동일성이 있다. 기존의 환경과 조건을 최적화시키는 비빔문화가 개발이나 발명의 비결이며 숙성된 융합기술을 만든다.

4. 믹서(mixer)기술 - 숙성문화

믹서(Mixer)기술과 숙성기술의 공통점은 음식을 물리적, 화학적 변화를 일으켜 새로운 형태의 음식으로 만드는 기술이다. 이 기술은 시간을 조절하는 방법이다. 빠르게 만들거나 긴 시간을 통해 만들어 내는 맛이다. 이처럼 정보도 믹서기술과 숙성기술이 조화롭게 만들어질 때 챗봇GPT 정보가치도 높게 창출된다.

정보는 믹서와 숙성이 중요하다.

믹서와 숙성이 모두 음식의 맛과 풍미를 향상시키는 방법이지만 믹서는 재료를 곱게 갈거나 혼합하여 빠르게 새로운 식감과 풍미를 만드는 방법이고 숙성은 시간을 두고 재료들이 서로 조화를 이루게 하여 깊은 맛을 내는 방법이다.

믹서정보와 숙성정보는 다르다.

믹서정보는 음식을 만들기 위해 어떤 재료들을 어떤 비율로 섞는 정보이며 사용하는 재료 목록이나 양, 섞는 순서 등에 의한 정보를 말한다. 이를테면 빵을 반죽하는 정보로 밀가루, 물, 이스트, 소금 등의 재료나 비율과 섞는 순서에 대한 정보다

숙성정보는 혼합된 재료를 일정한 온도와 시간을 두어 맛을 내고 화학 반응을 일으켜 음식의 맛과 질감을 변화시키는 방법에 대한 정보다. 이를테면 한국 전통 김치의 맛을 내기 위해 김치, 배추, 고춧가루 등을 버무린 후 항아리에 넣고 숙성시켜 깊은 맛을 내는 방법의 정보다.

유기적 관계로 수집된 단순한 정보는 믹서정보이고 수집된 정보를 분석하여 새로운 정보로 만들어 내는 것이 숙성정보다. 생성형 AI정보는 믹서정보와 숙성정보로 구분된다.

한국인의 숙성문화

숙성이란 식재료나 음료 등을 일정한 온도와 습도에서 일정 기간 보관하여 맛, 향, 질감 등을 더욱 풍부하게 만드는 과정이다. 숙성문화는 숙성 과정에서 미생물이나 효소가 작용하여 재료의 성분이 변화하여 풍부한 맛을 만들고 복합적인 맛과 향을 만들어 식품 품질과 가치를 높이는 전통적 식생활 풍습이다.

국가마다 숙성 기술과 풍습, 문화가 다르다. 숙성된 식품은 온도나 계절에 관계없이 먹을 수 있어 많은 국가는 전통적인 숙성기술을 가지고 있다.

세계적으로 숙성되는 재료는 육류, 해산물, 치즈, 과일, 술 등으로

다양하다. 소고기, 돼지고기, 닭고기 등 다양한 육류를 숙성하여 맛과 향을 높이고 생선, 새우 등 해산물도 숙성을 통해 맛을 깊게 만들어 장기간 사용한다. 바나나, 아보카도 등의 과일은 숙성을 하면 단맛이 증가하고 부드러워지며 와인, 맥주, 위스키, 막걸리 등의 다양한 술은 숙성 과정을 거쳐 깊은 풍미를 만든다.

한국의 숙성기술은 다양하다.

한국은 김치, 된장, 간장 등 전통적 발효 식품문화가 다양하게 이어져 오고 있다. 미생물 작용으로 숙성되면서 독특한 맛과 향을 내면서 오랫동안 먹을 수 있는 장점을 가지고 있다.

한국의 전통적 숙성 식품인 김치, 된장 등은 외국인들은 냄새 때문에 기피했지만 건강 다이어트 식품으로 세계인의 관심을 받고 있다. 한국전통 숙성기술은 세계적으로 독특한 숙성문화를 가지고 있으며 창의적인 다양한 방법으로 가공되어 다양한 식품으로 재가공 되는 숙성식품이다. 이처럼 한국인은 숙성된 정보로 발명한다.

숙성의 변화

숙성은 식품을 변화시켜 새로운 기능을 만든다.

첫째로 식품 속 효소는 단백질, 지방, 탄수화물을 분해하여 더 작은 분자로 만들고 새로운 향미 성분을 생성한다.

둘째로 곰팡이, 세균 등 미생물이 식품의 성분을 분해하여 독특한

맛과 향을 만들고 식품의 질감을 변화시킨다.

셋째로 수분 증발, 산화 등의 물리적 변화로 식품 농도를 높여 맛과 향을 짙게 만들고 장기간 보관이 가능하다.

넷째로 아미노산과 당이 반응하여 새로운 향미 성분을 생성하는 마이야르 반응(갈색변화) 등의 다양한 화학적 변화가 발생한다.

숙성의 효과

첫째로 효소 작용, 미생물 작용, 화학 반응 등을 통해 새로운 향미 성분이 생성되고 깊은 맛을 만든다.

둘째로 육류는 숙성을 통해 근육 섬유가 부드러워지고 질긴 부분이 연해져 식감이 좋아진다.

셋째로 숙성 과정에서 단백질 분해로 소화가 잘 된다.

넷째로 비타민, 미네랄 등 일부 영양 성분은 손실될 수 있으나 새로운 영양 성분이 생성된다.

한국인의 숙성된 발명적 사고

숙성이 식품의 품질과 맛을 변화시키듯이 생각을 숙성시키면 발명적 사고가 창출된다.

숙성된 생각은 창의성으로 나타나며 아이디어를 창출시킨다. 숙성 과정을 통해 새로운 맛과 향기가 만들어지듯이 숙성된 생각은 문제를 보는 관점이 다르고 관찰방법이 다르며 분석방법도 다르기 때문에 새로운 발명적 사고를 만든다.

MIX기술과 숙성기술

MIX기술은 혼합되어 숙성된 기술이다. 다양한 요소를 혼합하여 새로운 가치를 창출하는 MIX 기술을 통해 기능성 식품이 더욱 다양하고 효과적으로 소비자 기호에 맞는 제품으로 개발되듯이 생성형AI, 챗봇 GPT 정보는 숙성된 정보다.

MIX기술이 정보를 숙성시킨다.

숙성과정을 통해 식품의 성분과 구조가 변화되어 독특한 맛, 향, 질감을 만들듯이 MIX기술이 숙성정보를 만든다. 소득증가로 기능성식품 시장이 확산되어 기능성 정보가 경쟁력이 되고 있다. 한국의 숙성기술은 기능성 식품개발을 촉진시키는 숙성된 정보기술로 경쟁력 창출의 비결이 되고 있다.

숙성 정보는 데이터나 정보를 일정 기간 동안 축적하고 관리하면 시간이 지나면서 가치가 창출된 정보다. 특히, 데이터 분석, 인공지능, 빅데이터 분야에서 중요하다. 예를 들어, 고객의 구매 패턴이나 데이터는 시간이 지남에 따라 축적되어 빅데이터로 생성되어 새롭고 톡톡 튀는 인사이트(Insight)를 제공한다.

숙성정보는 MIX기술에 의해 생성된다.

시간에 따른 가치 변화가 발생한다. 초기에는 중요하지 않던 정보가 시간이 지나면서 가치가 변화되어 인사이트(Insight)를 제공한다. 따라서 데이터를 장기간 저장하고 관리하는 기술이 필요하다. 숙성된 정보를 분석하여 새로운 패턴이나 트렌드를 개발한다. 이 개념은 빅데이터, 챗봇 GPT 분야의 핵심이다. 숙성된 정보를 생성할 때 빅데이터

가치도 높아진다.

창의성을 확산시키는 숙성

생각이 숙성되면 창의성으로 나타난다. 창의성은 생각하는 과정에서 창출되는 것이며 창의적 사고를 키우는 것은 반복하여 생각하는 과정에서 나타난다.

이를테면, 김치 재료를 선택하면서 숙성하여 어떤 맛을 만들 것인가를 생각하는 것과 같이 창의성은 주제나 사건을 선택하면서 어떻게 해결할 것인가의 과정을 통해 숙성된다. 창의성도 숙성과정을 통해 문제해결 능력으로 창출되는 것이다.

무엇을 숙성시킬 것인가?

재료를 선택하고 어떻게 숙성시킬 것인가의 방법을 선택하듯이 창의성은 주제나 사건을 선택하는 방법이 다르고 선택한 것을 해결하는 방법을 남과 다르게 생각하고 남과 다르게 행동함으로 남들이 생각하지 못한 방법으로 해결하는 능력이다.

생각이 숙성되면 창의성이 나타나고 아이디어가 창출된다.

아이디어 창출에는 순서가 있으며 순서가 해결방법이다.

순서를 MIX시키는 방법이 숙성기술이다.

MIX시키는 순서에 따라서 반응이 다르고 결과가 다르다. 무엇을 먼저 넣을 것인가에 따라 과정과 결과가 다르다. 믹서기에 재료를 넣고 물을 부어 갈아내는 방법과 물을 붓고 재료를 넣어 갈아내는 순서의 차이가 맛의 차이를 만드는 이치다.

MIX기술은 숙성 과정이 다양하다. MIX기술은 식품과학, 미생물학, 공학 등 다양한 분야의 지식과 경험이 더불어 융합될 때 더욱 질 좋은 식품을 개발할 수 있다.

MIX기술이 창의성을 숙성시킨다.
MIX기술은 선택과 순서다.
무엇과 무엇을 MIX 할 것인가? 무엇부터 MIX 할 것인가?
정보를 선택하고 순서를 결정하는 것이 MIX기술이다. 숙성은 MIX기술에 의하여 만들어진다. 따라서 생각을 창출시키는 방법은 MIX기술에 의한 숙성이다.

한국인의 창의성

오랜 숙성문화 속에서 숙성된 음식을 먹으며 자연스럽게 MIX기술에 의한 숙성이 생활화되어 사물과 사건을 보는 관점이 다르다.
손맛이 다르듯 어떻게 사용할 것인가의 방법을 습관적으로 분석함으로 정보를 어떻게 숙성시킬 것인가? 소금의 양, 물의 농도, 온도 등을 직감으로 판단한다.

MIX기술로 음식이나 정보를 숙성하는 방법은 다음과 같다.

첫째로 새로운 맛과 향을 창출한다.
다양한 재료와 기술을 혼합하여 기존에는 없던 새로운 맛과 향을 가진 숙성 식품을 개발하고 정보를 생성한다.
둘째로 숙성 기간을 단축시킨다.
MIX 기술을 활용하여 숙성 기간을 단축하여 소비자 요구에 맞는 신

선한 숙성 식품을 제공하거나 정보를 창출한다.

셋째로 숙성 효율성을 향상시킨다.

MIX기술이 숙성 과정을 최적화시키고 효율성을 높여 균일한 품질의 식품을 생산하며 정보를 생성한다.

넷째로 맞춤형 숙성을 한다.

MIX기술로 개인의 취향에 맞는 숙성 식품이나 정보를 만든다.

가상현실을 만드는 MIX기술

가상현실(Virtual Reality, VR)은 컴퓨터로 만들어낸 3차원 가상의 공간으로 MIX기술에 따라서 가상, 증강, 혼합, 확장으로 구분한다. 이 과정은 숙성 과정에 따라 구분한다.

① VR(Virtual Reality, 가상현실)

② AR(Augmented Reality, 증강현실)

③ MR(Mixed Reality, 혼합현실)

④ XR(eXtended Reality, 확장현실)

초현실사회에서 가상이 현실로 되고 있다. 공간과 시간을 초월한 컴퓨터 공간에서 과거와 현재, 현재와 미래를 체험함으로 급변하는 미래 초현실사회를 구현한다.

숙성은 환경과 조건에 비례한다.

항아리는 된장, 고추장, 간장, 김치를 숙성시키는데 최적화된 그릇이다. 항아리는 공기순환이 원활하여 바람을 순환시킨다. 육포를 만들거나 해산물을 건조

시키는 장소는 바람이 잘 통해야 한다. 항아리처럼 바람이 순환되는 환경과 조건이 좋은 숙성을 만드는 공간이 인터넷이다. 가상현실도 컴퓨터 환경의 그래픽 3D사양에 따라 VR, AR, MR, XR의 환경과 조건을 만들 수 있다.

초현실을 만드는 한국인

한국인의 창의성은 숙성식품의 생활화로 숙성된 생각을 만드는 습성이 있다. 재료선택에서 숙성 순서를 기억하고 인내와 끈기로 숙성을 기다린다. 기다림의 미학이다. 초현실은 끝없는 인내와 끈기의 도전으로 만들어지는 가상현실이다.

5. 생성(발명)기술 - 개발문화

한국은 오랜 역사 속에서 다양한 발명으로 혁신을 했다. 고조선부터 현재까지 이어져 온 한국의 발명 문화는 급변하는 시대에 빨리빨리 문화와 더불어 급속하게 발전하고 있다.

빨리빨리 문화는 한국 사회가 겪어온 역사적, 경제적, 문화적 배경 속에서 자연스럽게 형성된 복합적인 현상으로 생성형AI시대에 적합한 개발문화를 형성했다.

인터넷상에서 데이터는 끝없이 생성되고 있다. 문제는 공유된 정보가 스스로 가치를 만드는 것이 아니다. 수집된 정보를 가공하는 능력에 따라서 데이터의 가치가 결정된다.

데이터의 진위성 판별

거짓 데이터는 새로운 가치를 생성하지 못한다. 거짓정보는 시간에 따라 사라지기 때문이다. 데이터를 생성하려면 데이터 가치가 있어야 하며 데이터를 생성하는 방법에 따라서 가치가 결정된다. 따라서 데이터의 진위성을 판별하는 능력이 중요하다.

생성형AI는 기존에 입력된 방대한 데이터에 의하여 새로운 데이터를 만든다. 입력 데이터가 부족하면 생성 데이터도 부족한 데이터를 생성한다. 따라서 데이터의 가치가 없다.

기존 데이터에 따라 생성 데이터가 달라진다.

기존 데이터에 수집 데이터를 융합하여 새로운 데이터를 만든다. 이때 기존 데이터의 가치와 수집 데이터의 가치에 따라 새로운 데이터의 가치가 만들어진다. 생성과 개발은 기존 데이터와 새로운 데이터의 MIX기술로 만든다.

한국의 개발문화

고조선부터 이어져 오는 철기기술은 한국인의 손기술과 비빔문화 등이 어우러져 급속한 변화에 대비하는 빨리빨리 문화와 더불어 지속적인 개발문화를 만들었다.

1차 산업혁명의 증기기관 발명과 2차 산업혁명의 전기의 생활화, 3차 산업혁명의 인터넷 발명은 한국의 전통적 개발문화에 적합한 환경을 만들었다. 급속하게 변화되는 인터넷 환경에서 빨리빨리 문화가 적절하게 한국인의 창의성을 자극시켰다.

6.25폐허에서 자립해야 했던 한국은 전통적 손기술을 바탕으로 선진기술을 도입하여 한국화 시켰다. 버려진 드럼통으로 자동차를 만들

었고 전기 생산의 원조를 받은 웨스팅하우스사 기술을 한국형으로 개발하여 한국형 원자로를 개발했다.

개발은 개선과 개량으로 만든다.

인류는 낫으로 곡식을 수확했다. 초기 낫은 돌이나 나무로 만들었고 반달돌칼에서 돌낫, 톱니 낫으로 개선되었다가 기역 자 모양의 낫으로 개량되었다. 오늘날 기계화된 콤바인은 쌀이나 밀이나 종류에 관계없이 사용되고 있다. 이처럼 개발은 개선과 개량으로 발전한다.

한국 개발문화는 짧은 시간에 놀라운 성장으로 세계적 IT 강국이 되었다. 짧은 시간에 급속하게 바뀌는 스마트폰은 빨리빨리 문화를 가진 한국에게 유리하다. 한국은 전통적 기술에 선진기술정보를 빠르게 적용하여 새로운 제품을 개발하는 문화를 가지고 있다. 컴퓨터 기술, 반도체 기술, 소프트웨어 개발 등은 속도전으로 개발되는 첨단기술이다. 한국의 전통적 손기술과 정보수집 분석능력이 미래 산업을 이끌어가는 비결이 되고 있다. 버릴 것은 빠르게 버리고 새로운 것을 빠르게 받아들이는 개발문화다.

한국의 빨리빨리 개발문화

외세 침략이 빈번했던 한국은 침략에 빠르게 대비해야 했다. 일본강점기와 6.25 전쟁으로 인한 폐허는 한국인들에게 시간의 압박감을 심어주었고 빠르게 복구하고 발전해야 한다는 인식을 강화시켰다. 침략에 빠르게 대비했던 습관이 급속한 경제, 기술성장을 촉진시켰다. 한국인의 손재주와 근면성이 경제를 부흥시켰다.

1960년대 이후 본격적인 산업화가 시작되면서 경제성장을 위해 '빨리빨리' 문화가 한국인의 창조성으로 급속하게 발전했다. 치열한 경쟁

사회에서 살아남기 위해 빠르게 변화하고 적응하는데 빨리빨리 문화
는 새마을 운동과 함께 한국인에게 기회를 만들었다.

빨리빨리 속도전의 기회

한국은 3차 산업혁명 인터넷으로 급변하는 시장 환경에 빠르게 대
응하고 새로운 기술을 도입하는데 능숙했다. 최신 기술을 빠르게 습득
하고 활용하여 새로운 서비스와 제품을 개발했다.

치열한 경쟁 속에서 개인의 성장과 팀의 성과를 중요시하며 국가관
으로 경쟁력을 키웠다. 따라서 장시간 근무로 급속한 발전을 이뤘다.
최근에는 워라밸을 중시하는 문화로 바뀌었다.

빨리빨리 문화는 수평적 조직 문화다.

과거에는 상하 관계가 뚜렷하여 급속한 성장이 가능했다. 이제는 수
평적인 조직 문화로 빨리빨리 문화를 개개인 경쟁력으로 바꾸고 있다.
이를테면 개발자의 커뮤니티 활성화다. 스터디, 밋업, 오픈소스 프로
젝트 참여 등의 수평적 구조를 통해 지식을 공유하고 네트워킹을 활발
하게 촉진시켜 시대변화에 적합한 빨리빨리 문화를 유지하고 있다. 한
국인의 변화적응 능력이다.

생성형AI 챗봇 GPT시대 발명기술

생성형 AI는 정보를 찾아주는 단계에서 새로운 콘텐츠를 창작하고
예측하는 능력으로 혁신적 변화를 촉발시켰다. 이러한 생성형 AI의 등
장은 다양한 분야에서 새로운 발명기술을 만들고 있다.

생성형 AI가 이끄는 발명기술의 변화

첫째로 맞춤형 콘텐츠 생성

고객의 취향과 관심사를 분석하여 개인에게 최적화된 광고 및 정보를 제공하고 학습자의 수준과 학습 스타일을 고려하여 맞춤형 교육 콘텐츠를 생성한다. 따라서 환자의 건강 데이터를 분석하여 개인에게 최적화된 치료 방법과 예방적 정보를 제공한다.

둘째로 창의적인 아이디어 발상

기존 약물 구조를 기반으로 새로운 약물 물질을 찾아내어 신약을 개발하고 있으며 새로운 물질의 특성을 예측하고 합성 방법을 찾아내어 신물질을 개발하고 다양한 예술 분야에서 새로운 스타일의 작품을 창작한다.

셋째로 신기술, 신소재, 신제품 발명

빅데이터에 의하여 신기술, 신소재, 신제품을 발명한다. 3D 시뮬레이션 환경을 통해 신기술, 신소재, 신제품의 문제점을 파악하고 사전에 사용성, 효율성, 가치성, 생산성 등을 모의 실험한다.

발명기법을 바꾼 생성형AI

과거 발명은 수많은 시행착오와 실패를 통해 결과를 만들었지만 지금은 사전 모의실험과 생산 등을 생성형AI를 통해 발명을 한다. 특히 3D 프린트는 발명기간을 단축시키는 비결이 되고 있다.

생성형 AI와 3D프린팅

생성형 AI와 3D프린팅 기술의 결합은 기구와 기술이 결합하여 다양한 기계를 만들었듯이 생산방법의 혁신적 변화로 제조, 생산, 의료,

건축, 교육 그밖에 모든 분야를 혁신시키고 있다.

아이디어는 생성형 AI에 의하여 정보를 수집하여 분석하고,

시제품을 3D프린팅으로 사전에 모의 실험으로 제작한다.

3D프린트는 나사 부품에서 우주항공기까지 모든 것을 생산한다. 소량생산으로 주문생산이나 맞춤생산으로 생산의 효율성을 높인다. 3D프린트에 생성형 AI 데이터를 입력하여 불필요한 과정이나 실험과정을 최소화시켜 생산 시간과 비용을 줄이고 있다.

생성형 AI는 사용자의 요구사항이나 이미지를 바탕으로 3D 모델을 자동 생성하여 사용자의 취향, 신체 특징 등을 고려한 맞춤형 디자인을 제작한다. 따라서 의족이나 의수, 장기 등의 특수한 물건을 제작할 수 있으며 비용도 절감하는 효과가 크다.

3D프린팅과 생성형 AI의 결합 사례

첫째로 환자 신체에 맞는 맞춤형 보청기, 인공 뼈 등을 제작

둘째로 사용자의 체형과 취향에 맞는 의류, 신발 등을 제작

셋째로 건축물의 외관 디자인, 내부 구조 등을 자유롭게 제작

넷째로 자동차 부품을 빠르고 제작하여 생산성을 높인다.

다섯째로 우주항공 분야의 수많은 부품을 제작한다.

생성형 AI와 3D프린팅 기술의 융합은 단순히 제조 방식의 변화를 넘어 인간의 창의성과 결합되어 초연결사회의 새로운 환경에 필요한

제품을 발명하고 미래사회를 이끌어 가고 있다.

3D프린팅 생성기술의 전망

3D프린트에 생성기술을 결합한 3D프린팅은 개인별 맞춤생산을 비롯하여 첨단기술제품을 개발하는 발명기법으로 확산되고 있다.

① 맞춤형 디자인 자동화: 생성형 AI를 통해 개인의 취향과 필요에 맞는 디자인을 자동으로 생성 제작
② 소재개발 및 최적화: 생성형 AI를 활용하여 새로운 소재의 특성을 예측하고 3D프린팅에 적합한 소재개발로 제품기능 향상
③ 생산공정 자동화: 3D모델 생성부터 프린팅까지 전 과정을 자동화로 생산 효율성 증가와 인건비 절감
④ 다품종 소량생산 시스템 구축: 다품종 맞춤 생산
⑤ 의료 맞춤 생산: 생성형 AI를 통한 인공 장기 등 생산
⑥ 건축분야 혁신: 건축 설계 및 시공 창의적 건축
⑦ 메타버스와의 연계: 생성형 AI를 통해 가상 세계 설계로 미래사회의 다양한 오브젝트 생성과 3D프린팅 실제 물체로 구현

한국의 3D프린팅 미래시장

첫째로 3D프린팅 기술을 활용한 수술 모형, 수술 가이드, 인체 이식용 임플란트, 투명 치아교정기 등을 특허화 하고 있다.

둘째로 한국생산기술연구원은 금속 3D프린팅 기술로 우주 발사체용 추진제 탱크를 제작하는 기술을 개발하여 우주 산업 생산을 추진하고 있다.

셋째로 HD현대중공업은 운항 중인 선박에서 3D프린팅으로 필요한 부품을 제작하는 기술을 개발했다.

이처럼 3D프린팅은 다양한 분야에서 생산방식과 비용, 기간, 실험 등을 새롭게 만들어가는 수단이 되고 있다.

K INVENTION HISTORY

2장
발명아이디어 가감승제변기법 – 한국인의 발명적 사고

서론

한국인은 전통적 문화와 생활에서 창의적으로 생각하고 무에서 유를 창작하는 발명적 사고를 창출했다. 한국에는 어떤 문화가 이어져 오고 어떻게 발명품을 만들었는가를 살펴본다.

1장은 K발명역사에 대해 설명을 했고 2장은 K발명문화를 만든 구체적인 사례와 발명아이디어 창출방법에 대해 살펴본다. 발명은 창의적 사고에 의한 아이디어 창출에서 만들어진다.

2장에서는 K발명역사 문화를 기반으로 구체적으로 어떻게 발명아이디어를 창출하는가, 사례분석을 통해 발명하는 5가지 기법과 사례를 통해 누구나 발명할 수 있는 방법을 제시한다.

1. K발명역사 - 품앗이 문화

한국발명은 고조선부터 시작되어 전통적인 품앗이 문화로 이어왔다. 품앗이는 사람들이 서로 돕고 살아가는 방식이다. 농촌에서 농사일이 한꺼번에 몰릴 때 각자의 일을 돌아가며 서로 돕고 협력하여 일을 해결하는 방식으로 노동을 나누는 풍습이고 문화다.

오늘날 협동조합이 유행처럼 퍼져 있다. 품앗이는 협동조합과 개념이 다르다. 함께 노동을 해결하는 방법으로 협력과 협동정신에 의한 공생공존의 개념이다.

한 사람이 하나의 일을 해결하는 것보다 다수가 하나의 일을 해결하

는 방식이 일의 효율성을 높이는 품앗이 문화다.

품앗이 문화의 특징

첫째로 품앗이는 서로 돕고 갚는 상호 호혜주의를 기반으로 공존사회 구성을 목표로 한다. 오늘은 내가 너를 도와주면 다음에는 네가 나를 도와주는 식으로 서로의 일을 해결한다.

둘째로 품앗이는 마을 공동체 의식을 강화시킨다. 각자가 독립적으로 살아가는 방식에서 하나의 공동체를 구성하여 공생공존하는 생활방식이다. 서로 돕고 공생하며 이웃 간의 정을 돈독하게 만들어 협력과 협동을 통해 공동체의 유대감을 높여 지역 발전을 도모한다.

셋째로 많은 노동력이 필요한 일을 짧은 시간 안에 효율적으로 해결함으로 일의 효율성과 생산성을 높인다.

넷째로 하나의 관점에서 벗어나 다수의 관점으로 문제를 해결한다. 혼자 보는 문제점보다 다수가 보는 문제점이 빠르고 정확하게 문제를 해결할 수 있다. 품앗이 문화는 창의적 사고에 의한 문제해결능력을 창출시키는 한국의 풍습문화로 PBL교육과 같다.

빅데이터 시대 품앗이

빅데이터 시대는 팀 게임시대다. 혼자 정보를 수집하는 것보다 다수가 정보를 수집하는 것이 다양하고 방대하다. 품앗이 팀 문화가 정보수집과 분석에서 효과적으로 나타나고 있다.

1인 발명시대에서 팀 발명시대로 바뀌었다. 삼성을 비롯한 대기업은 팀에 의한 발명으로 경쟁력을 창출한다. 3M을 비롯한 글로벌기업도 팀에 의한 발명으로 경쟁력을 창출하고 있다.

생성형 AI의 품앗이

생성형 AI, 챗봇GPT는 품앗이 방식으로 데이터를 수집하고 분석한다. 컴퓨터 프로그램의 다양성, 확산성이 데이터 품앗이 방법으로 정보를 수집 분석하는 방식이다. 하나의 검색망에서 다수의 검색망으로 정보를 수집 분석한다.

품앗이는 역할 분담이다. 농사일을 각자 지역이나 작업 역할을 나누어 해결하는 방식이다. 따라서 생성형 AI 챗봇GPT는 구성된 알고리즘에 따라서 각기 다른 정보를 수집하고 분석하여 정보를 생성하는 품앗이 방식이다.

PBL 품앗이 교육

유럽을 비롯한 미국 등은 PBL 교육을 실시하고 있다. PBL은 Project-Based Learning, Problem-Based Learning의 두 가지 약자다. 모든 교육에는 주제가 있다. PBL은 주제를 프로젝트로 구성하여 문제를 해결하는 방식이다. 또한 주제나 과제는 문제가 있다. PBL은 문제를 프로젝트 주제로 팀원이 해결하는 품앗이 교육방식이다. 팀을 5명으로 구성하여 각자의 역할을 나누고 역할에 따라 정보를 수집하고 분석한다.

생성형AI시대 품앗이 교육

생성형 AI시대는 품앗이 교육이 필요하다. 한국 전통 서당교육은 주제를 나누어 학습했던 품앗이 방식이다. 서로의 생각을 나누고 각기 다른 생각을 대화를 통한 화제로 풀어가는 방식이었다.

PBL(Project-Based Learning, Problem-Based Learning)학습은

팀을 구성하여 각기 다른 역할에 따라 프로젝트 문제를 해결하는 품앗이 방식으로 한국의 전통적 문답교육과 같다.

인공지능(AI)은 수많은 알고리즘으로 구성되어 빠른 연산 속도와 방대한 데이터 처리 능력이 인간보다 빠르고 방대한 자료를 처리함으로 생성형 AI가 미래산업의 핵심이 되고 있다. 생성형 AI는 여러 팀이 구성되어 정보를 수집하고 분석하듯이 정보를 처리한다. 알고리즘끼리 정보를 교류하면서 짜여진 알고리즘에 의하여 새로운 정보를 생성한다.

생성형 AI가 품앗이 교육의 멘토 역할을 한다.

첫째로 AI 튜터가 학생 개개인에게 맞춤형 학습 계획을 제시하고 질문에 대한 답변을 제공하며 학습 과정을 피드백 한다.

둘째로 팀 프로젝트를 위한 아이디어 공유, 자료 공유, 피드백 등을 지원하는 플랫폼을 제공한다.

셋째로 학습 자료, 문제, 시뮬레이션 등 다양한 교육 콘텐츠를 자동 생성하여 학습의 다양성을 높인다.

넷째로 학생들의 학습 데이터를 분석하여 학습효과를 측정하고 개선 방안을 제시함으로 멘토 역할을 한다.

오늘날 생성형 AI는 서당의 훈장처럼 문답교육과 학생별 수준별교육을 하는 PBL교육의 멘토다.

품앗이는 팀 문화교육이다.

품앗이는 주민이 한 팀으로 협동했던 농번기 공동체 문화다. 일손이 부족할 때 마을 사람들이 돌아가며 도와주는 방식으로 농사일이나 집

짓기, 장례 등을 협력했던 다양한 공동체 팀 문화다.

팀 문화는 팀원이 각기 역할을 담당하여 필요한 정보를 수집하고 토론을 통해 정보를 분석하여 문제를 해결하는 토론교육이다.

PBL 교육은 프로젝트 주제에 필요한 여러가지 요소를 각기 나누어 정보를 수집하고 수집된 정보를 팀원이 소통과 토론을 통해 해결하는 방식으로 각자의 일을 순서에 따라 대화하며 협동하여 작업을 했던 품앗이 방식과 같다.

생성형AI 방식과 품앗이 방식은 같다.

생성형AI 알고리즘에 따라 정보를 수집하고 분석하는 방식이 농사일을 주민들이 협력하여 해결했던 효율적 농사 방식과 같다.

생성형 AI는 유기적인 방식으로 정보를 수집하고 분석한다. 인공지능의 알고리즘이 여러 가지로 구성되어 정보를 식별함으로 필요한 정보를 수집 분석한다. 이는 팀원이 소통을 통해 협업하는 방식이다.

생성형AI 창의성

인공지능은 주어진 정보를 기반으로 새로운 패턴을 발견하고 알고리즘과 학습 데이터에 의해 생성하지만 인간은 감정, 직관, 경험, 학습 등의 다양한 요소가 복합적으로 작용하여 창출된다. 따라서 인공지능과 인간의 창의성에는 큰 차이가 있다.

2. 발명과 창의성 - 창의적 사고 문화

발명이란?

인류 문명은 발명의 역사다. 발명은 발견에서 시작된다. 관심을 가지고 관찰하고 분석하여 실험하며 문제를 풀어간다. 발견은 끝없는 질문에서 시작된다.

왜, 바퀴가 필요한가?

어떻게, 바퀴를 만들 것인가?

왜? 라는 질문을 어떻게? 라는 방법으로 찾는 것이 발명이다.

인류는 발명을 통해 끊임없이 발전해 왔다. 물건을 옮기고 이동을 위해 바퀴를 발명했고 소통과 교류를 통해 오늘날 인터넷이 등장하기까지 문명의 발전은 끝없는 발명품 개발 덕분이다.

발명은 기존에 없던 새로운 제품이나 방법, 시스템 등을 만들어내는 것이다. 우리가 살고 있는 세상을 더 편리하고 더 생산적이고 풍요롭게 만들기 위해 기존의 지식이나 기술을 바탕으로 새로운 것을 만들어내는 것이다. 발명은 새로운 문제를 해결하거나 기존의 문제를 더 효율적으로 해결하기 위한 창의적인 아이디어를 현실로 만드는 방법이다. 즉, 발명은 창의성에 의해 창출된다.

기존에 없는 것을 생각하는 방법이 창의성이다. 남과 다른 관점에서 관찰하고 분석하여 남과 다른 방식을 만들어 내는 능력이다.

발명과 창의성

발명은 새로운 제품이나 과정을 만들어 내는 행위이고 창의성은 새로운 아이디어로 문제를 독창적으로 해결하는 능력을 말한다. 즉, 발명은 창의성을 바탕으로 현실 세계에 구체적인 결과물을 만들어 내는 과정이다. 따라서 발명과 창의성은 공존한다.

창의성이란?

남과 다른 생각과 남과 다른 행동이다. 남과 똑같은 생각은 차별성을 만들기 어렵고 생각만 하면 공상이고 상상이며 남과 다르게 관찰하고 생각한 것을 행동으로 실험하고 도전하는 창의성에서 발명아이디어가 창출된다.

창의성으로 생각하기

어떻게 남과 다른 생각을 할 수 있는가?

사물이나 사건을 보는 관점의 차이가 다른 생각을 만든다. 관점은 관심에서 나오며 관심은 평소에 느끼는 감정이다.

무거운 물건을 어떻게 옮길 것인가? 어떻게 하면 쉽고 안전하게 옮길 수 있는가? 에 대한 평소의 관심에서 물건을 보는 방법이 달라진다. 긍정적으로 가능성을 찾는 관심과 관찰이다.

발명의 기본 요소

① 호기심 : 세상에 대한 끊임없는 궁금증

② 창의성 : 새로운 아이디어를 떠올리는 능력

③ 문제해결능력 : 문제를 정확하게 파악하고 찾는 능력

④ 지식 : 다양한 분야의 지식을 습득하고 활용하는 능력

⑤ 도전정신 : 실패에 도전하는 실험정신

발명 과정

① 문제 인식: 문제요인 파악, 검토

② 아이디어 구상: 문제해결을 위한 아이디어 착상

③ 실험 및 개발: 구체화된 아이디어를 실험, 제작

④ 평가 및 개선: 결과물 평가를 통한 개선

⑤ 발명품 완성: 실용적 발명 제품화

발명의 3요소

① 편리성 : 가볍고 간단하고 편리한 발명

② 기능성 : 스마트폰처럼 다양한 기능

③ 생산성 : 생산할 수 있는 발명, 3D프린터 활용 생산

발명은 3가지 요소를 충족시켜 생활환경과 조건을 변화시킨다.

발명은 실생활을 개선하여 편리하고 다기능적인 생활을 하도록 환경을 개선하고 조건을 만드는 것이다. 좀 더 가볍고 좀 더 간단하고 좀 더 다기능적이면서 쉽게 만들어 낼 수 있어야 발명품 가치가 크다. 이제는 3D프린트로 시제품과 소량제작이 가능해졌다.

남과 다른 생각과 행동을 이끌어가는 창의성은 문제를 해결하고 신산업을 창출하며 기존 산업의 경쟁력을 강화시키며 사회 변화를 이끄는 미래 사회의 원동력이다. 이를테면 스마트 폰이나 인공지능, 로봇

기술개발 등의 발명이다.

생성형AI시대에 발명은 인공지능 데이터가 활용되고 있다. 빅데이터가 발명에 적용되는 것보다 응용이나 활용하는 이유는 창의성 때문이다. 인간의 감정이나 직감, 경험이나 학습 등을 통한 창의성이 발명품의 가치를 창출하기 때문이다. 생성형 AI가 인간의 창의성처럼 발명에 응용되고 활용되고 있다.

장영실은 어떻게 발명가가 되었나?

장영실은 어려서부터 손재주가 뛰어났다. 손재주는 예리한 관찰력과 분석능력에서 만들어진다. 어릴 적부터 사물에 대한 궁금증과 호기심이 많아서 궁금한 것은 끊임없이 반복해서 만들었다. 그는 손재주가 좋아서 주변사람들의 칭찬을 받았다. 새로운 것을 만들기 위해 관심을 가지고 관찰하고 자기것으로 만들기 위한 도전을 반복했다.

농기구 수리 능력

장영실은 동래현 관노로 일하면서 고장 난 농기구들을 능숙하게 고치는 능력으로 주변 사람들을 감탄시켰다. 이러한 소문은 점차 퍼져나가 동래현 수령의 귀에까지 들어가게 되었고 수령은 장영실의 기술과 재능을 높이 평가하여 조정에 추천하였다.

장영실 칭찬 요소

첫째는 장영실은 타고난 손재주와 기계에 대한 깊은 이해를 바탕으로 다양한 기계를 만들고 고칠 수 있는 능력이 탁월했다.

둘째는 새로운 기술을 배우고 익히는 것을 즐기면서 모르면 알 수 있을 때까지 끊임없이 노력하여 기술을 습득했다.

셋째는 농기구를 비롯한 다양한 기구를 만들어 주변 사람들이 쉽게 일하는데 도움을 주려는 마음으로 발명했다.

세종대왕은 장영실의 재능과 성실함을 보고 중용했다. 다양한 과학 기구를 만들도록 명령했고 천문학자 이천, 수학자 이효남 등의 여러 사람들과 함께 자격루, 앙부일구, 측우기, 혼천의 등의 과학기구들을 발명했다. 그는 다양한 분야의 전문가들과 협력하여 조선 과학 기술 발전에 큰 기여를 했다.

3. 발명과 아이디어 - 쪼개고 결합하라

남과 다르게 생각한 것을 어떻게 만들 것인가?

낫 모양은 기억자다. 벼를 잡아서 자르기 쉽게 디자인을 했다. 벼나 보리 등을 손으로 잡아 베어내기 쉽게 낫의 형태를 만들었듯이 발명은 방법을 쪼개 생각하고 다시 결합하여 만든다.

고조선의 청동거울은 어떻게 만들어졌는가?

다뉴세문경은 고조선 시대의 청동 거울이다. 다뉴는 '많다'라는 뜻이고, '세문'은 '잔무늬'라는 뜻이다. 뒷면에 매우 촘촘하고 복잡한 무늬가 새겨져 있다. 매우 높은 온도에서 청동을 녹이고 틀에 부어 거울의 형태를 만들었으며 숙련된 기술을 통해 정교한 무늬를 새겼는데 어떻게 무늬를 디자인했는지 미스터리다.

13,000개가 넘는 선으로 사면에 원형 2개씩을 정교하고 세밀하게

디자인하였고 좀 더 맑게 비추어 보기 위해 반사면을 만들어 광택을 내는 방법으로 다뉴세문경은 만들어졌다.

낫을 만드는 방법과 거울을 만드는 방법은 면을 쪼개고 결합하는 방식이다. 낫은 길게 면을 만들고 거울은 둥글게 면을 만들었다. 이처럼 어떻게 사용할 것인가를 해결하는 방법이 면을 쪼개고 결합하는 방법이다.

면을 쪼개고 결합하면 정밀한 면을 만들 수 있다. 한 번에 만드는 면보다 반복하여 면을 결합하는 방법이 단단하고 정밀한 면을 만든다. 이를테면 밀가루 반죽을 여러 번 반복하면 면이 쫄깃해지는 것과 같은 이치다.

생각도 여러 번을 반복해서 쪼개고 결합하는 과정을 통해 생각하는 것이 좋은 아이디어를 창출하는 창의성이 된다.

발명아이디어 발상방법

새롭게 만들기 위해 다양한 방법을 생각한다. 다양한 방법은 생각한 것을 실천하는 실험과정이 중요하다. 이러한 과정에서 문제점을 찾아내기 때문이다.

무조건 생각하는 것은 다양한 생각을 만들기 어렵다.

굴러가는 바퀴를 만들기 위해 수많은 실험을 했을 것이다.

삼각형, 사각형, 원형 등으로 형태를 만들어 굴리는 실험을 통해 원형이 가장 잘 굴러간다는 것을 발견했다. 문제는 언덕에서 굴러가는 바퀴를 어떻게 세울 것인가?

발명은 과정을 통해서 문제를 발견하고 문제를 해결하려는 다양한

실험을 통해서 바퀴를 세우는 장치를 고안하면서 기술적 아이디어가 창출된다.

개선과 혁신은 문제점에서 시작된다.

문제를 문제로 관찰하고 분석하는 능력이 아이디어를 창출시킨다. 문제인식을 통해 문제점을 파악하고 개선이나 혁신을 위한 방법을 찾는다.

한국은 삼면의 바다를 끼고 형성되는 환경에 따라 온도도 변하고 기후도 바뀐다. 환경적 변화에 맞게 한국인들은 변화에 민감한 성격으로 적응되었고 이러한 변화 대응능력이 급변하는 시대에 적합한 생각을 창출시키고 있다.

한반도의 지형적 환경요소는 한국인의 다양한 창의성을 자극시킨 요인의 하나다. 계절변화에 따라 무엇을 어떻게 준비할 것인가? 계절 대응 능력이 남과 다르게 관찰하고 남과 다르게 만들어 가는 아이디어 발상에 영향을 주었다. 이를테면 외침에 대비하여 신기전이나 거북선을 발명하게 된 동기가 된 것이다.

발명아이디어 창출은 동기가 중요하다.

어떤 이유로 생각하게 되었는가?
이유는 동기에서 나온다.

쪼개고 결합하여 신기전을 만들어라.

신기전은 여러 개의 화살을 동시에 발사하는 다연발로켓이다. 한 번에 하나를 공격하는 것보다 한 번에 여러 개 활로 동시에 공격함으로 공격적 효과를 높이는 방법이다.

중국의 인해전술 공격을 일시에 방어하는 방법으로 동시에 다수를 공격하는 신기전을 개발했다.

신기전 발명 동기는 다수의 중국공격을 방어하기 위함이었다.
신기전 발명 핵심은 다수를 동시에 공격하는 방법이었다.

문제의 동기와 이유를 해결하고 다연발로 동시에 공격하는 핵심요소를 해결한 아이디어가 다연발로켓의 발명이었다.

발명아이디어는 과정에서 성장한다.

최초의 아이디어가 발명의 결과물을 만드는 경우는 드물다. 대부분의 발명품은 발명과정에서 문제점을 개선하거나 혁신하는 아이디어를 창출함으로 발명아이디어는 과정이 중요하다.

한국인의 인내와 끈기는 발명과정에서 나타난다.
대부분 두세 번하고 실패하면 포기하지만 조선시대 발명가 장영실

은 문제를 해결할 때까지 인내와 끈기로 도전했다. 발명과정에서 발생하는 실패를 통해 문제해결 아이디어를 창출했다.

도자기는 빚는 과정에서나 굽는 과정에서 실패가 반복된다. 만드는 과정에서 기술을 습득하는 것이 실패정보다. 생각을 행동으로 실천하는 과정에서 생각하지 못하는 원인과 이유를 발견한다.

왜, 그럴까?

과정을 질문하면 아이디어가 나온다.

신기전을 발명하면서 어떻게 배열을 하고 어떻게 화살을 넣고 발사할 것인가? 만드는 과정에서 쪼개고 결합하고 배열하여 화살을 동시에 발사하는 아이디어를 창출했다.

아이디어를 창출하지 못하는 이유

필자가 아이디어교육을 하면서 아이디어를 창출하지 못하는 학생들의 공통점이 첫 번부터 모든 것을 해결한다는 욕심이 강한 학생이거나 생각한대로만 만드는 학생들이었다. 과정을 통해 생각하는 학생들의 아이디어가 좋은 발명품을 만드는 비결이었다. 실패를 통해 좋은 아이디어가 창출된다. 실패가 성공의 비결이다.

아이디어는 숙성되어야 한다.

스스로 질문을 통해 아이디어를 숙성하는 습관이 중요하다.

왜, 그럴까?

어떻게 할까?

반복하여 스스로 질문하는 습관이 발명아이디어를 창출시킨다.

발명은 과정을 통해 만들어진다. 과정 없는 발명은 없다.

일본은 조선을 침략하기 위해 다량의 배를 만들었다. 일본 배는 속전속결의 속도전을 위해 배 바닥을 삼각형으로 만들어 물살을 헤쳐 나가는 배이었다.

한국의 전통적 판옥선은 바닥이 평편하여 물 위를 떠서 나가는 방식으로 속도전보다는 안전과 중량에 적합한 배이었다. 따라서 배를 쉽게 좌우로 회전할 수 있었다.

거북선은 회전이 빨라서 좌우로 공격할 수 있는 장점을 가지고 있었다. 화포에 화약을 장진하는 시간을 최소화하여 좌우 회전하면서 적을 공격할 수 있어 일본 배를 격침시키는 기회가 되었다.

이처럼 아이디어는 숙성과정을 통해 신장한다.

숙성은 시간이다. 조급함보다는 느긋한 기다림이다.

필자가 글을 쓰면서 한 번에 쓰지 않고 주제, 목차를 쓰고 여유를 가지고 내용을 만들어가는 방식은 시간을 두고 여유롭게 다양한 생각하기 위함이다. 앞서 써놓은 것을 다시 검토하면서 내용을 수정하거나 보완하는 방식으로 글을 쓰는 이유다. 시간의 여유가 생각을 깊게 만들고 보지 못한 것을 보게 만든다. 발명과정에서 새로운 문제점을 발견하고 개선하는 이유다.

생각을 쪼개고 결합한다.

발명아이디어는 과정을 나누어 생각하며 아이디어를 나누어 생각한다. 과정을 통해 만들어지는 발명품은 다수의 생각을 수용하는 자세가 필요하다. 혼자 생각하는 것보다 다수의 의견이 자신이 보지 못하는 것을 보는 비결이다. 생각을 쪼개는 것은 생각을 나누어 다수의 생각으로 아이디어를 창출하는 것이다.

"급할수록 돌아가라"

조급하면 생각이 좁아져서 전체를 보지 못하고 조급하게 결합하면 누락되는 것이 발생한다. 생각은 인내와 끈기로 시간을 두고 쪼개어 생각해야 전체를 보고 누락되는 것을 방지할 수 있다.

형태는 육면체다.

육면체의 형태를 한 번에 볼 수 없다. 앞과 뒤, 좌, 우, 상, 하 6개 면을 보려면 육면체를 돌리거나 보는 사람이 돌아가며 봐야 한다. 모든 사물은 형태를 가지고 있으며 6개의 면으로 만들어졌다. 하나의 문제도 6개의 문제를 가지고 있으며 아이디어는 6가지로 문제를 분석할 때 더 좋은 아이디어로 창출된다.

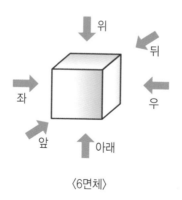

〈6면체〉

4. K발명의 비결 - 무에서 유를 만든 도자기 기술

도자기는 흙으로 빚는다. 모래는 가루이지만 물로 반죽을 하면 형태를 만들 수 있다. 생각도 모래알이지만 창의성으로 아이디어를 창출시킨다. 무형을 유형으로 만드는 방법이다.

무에서 유를 만드는 K과학발명 비결

자격루는 물의 흐름을 이용하여 시간을 자동으로 알려주는 매우 정교한 시계다. 시간은 눈에 보이지 않는다. 흐름은 시간을 의미하며 얼마나 시간이 지났는지를 측정하는 방법은 보이지 않는 시간을 보이게 만드는 방법이었다.

자격루는 시간의 흐름을 물의 흐름으로 시간을 측정하게 만들었다. 일정하게 흐르는 물로 시간을 측정하여 인형이 종을 치거나 북을 쳐 시간을 알리는 매우 정교한 과학적 시계 발명이었다.

기존의 상식이나 틀을 깨는 생각이 아이디어가 된다.

보이지 않는 것을 보는 방법은 틀을 깨는 발상이다. 보이지 않는 시간을 흐르는 물로 보이게 만드는 발상이다. 일정한 속도로 일정하게 움직이면 일정한 시간을 측정하는 과학적 방법으로 비교를 통해 눈으로 볼 수 있게 만든 아이디어였다.

모래나 흙은 특정한 형태가 없기 때문에 새로운 형태를 만들 수 있다는 긍정의 생각이 도자기를 만든다. 형태가 없기 때문에 형태를 만들 수 있다는 가능성이 아이디어를 창출시킨다. 모래나 흙처럼 형태가 없는 것을 다양한 형태로 만드는 비결은 가상의 형태를 하나씩 만드는 과정에 있다. 처음부터 만들어진 형태가 아니라 과정을 통해 형태를 만드는 방법이다. 오늘날 MAKER 창작교육이다.

빚는다는 단어는 비벼서 만든다는 의미다.

비벼서 만드는 기술은 젓가락으로 음식을 집는 것처럼 손기술이다. 빚는다는 것은 두가지 이상을 결합하여 하나로 만드는 융합적 사고다. 한국인은 두 개의 쇠젓가락을 사용하며 손기술을 익혔다.

무엇을 어떻게 비벼 만들 것인가?

신기 편하고 튼튼한 짚신과 불편하고 쉽게 터지는 짚신의 차이는 무엇일까? 단단하고 일정한 굵기의 새끼줄과 울퉁불퉁하고 약한 새끼줄의 차이는 무엇일까?
두 가지의 차이는 재료의 선택과 비비는 기술의 차이다.
볏짚 중에 튼튼하고 매듭이 없는 질긴 볏짚을 선택하는 방법과 몇 가닥의 짚으로 어떻게 비비고 꼬여 만드는가의 방법적 기술 차이가 편하고 단단한 짚신과 불편하고 약한 짚신의 차이다.

어떤 볏짚을 골라서 몇 가닥을 어떻게 비벼 만들 것인가?
질기고 매끄러운 좋은 재료를 선택하고 몇 가닥을 어떤 방향으로 어떻게 비벼서 만들었는가에 따라 손기술을 인정받는다. 빚는다는 것은 두 가닥 이상을 비벼서 튼튼하게 꼬는 것으로 먼저 어떤 것을 어떻게 비빌 것인가를 생각하고 행동하는 것이 중요하다.

무에서 유를 만든다는 것은 보이지 않는 것을 보는 노력에서 시작된다. 가상의 상상에서 현실로 만드는 것이 무를 유로 만드는 비결이다. 무형의 모래, 흙을 유형의 도자기로 만드는 방법이나 볏짚으로 짚신을 만드는 방법의 공통점은 상상을 현실로 만든다는 것이다. 무형은 형태가 없는 것이 아니라 형태가 보이지 않을 뿐이다. 따라서 형태를 만드는 것이 창의성이다.

여백의 문화

한국의 산수도는 여백이 많다. 그림에서 여백도 하나의 공간이고 색이다. 여유 있는 생각에서 창의성이 나온다. 생각이 복잡하면 문제를 정확히 관찰하지 못하고 초조함에 깊은 생각을 하지 못한다. 여백은 여유 있는 생각을 만든다.

한국인의 발명 비결에는 여백문화가 있다.

모든 면을 꽉 채운 그림은 더 이상 상상할 것이 없다. 깊이 생각할 여지가 없음이다. 비워진 공간에 무엇을 넣을까? 또 다른 무엇이 있을까? 빈 공간은 무한한 생각을 만드는 공간이다.

볏짚으로 짚신을 만들면서 수많은 실패를 경험하며 어떤 짚신이 편하고 튼튼할까? 수많은 고민을 했을 것이다. 생각에 여유가 없다면 손기술도 발휘하기 어렵다.

장인은 숙달된 기술을 가지고 있다. 숙달된 장인은 여유가 있다. 과정에서 발생하는 현상이나 문제를 미리 예측하거나 알고 있기 때문에 예방하거나 상황에 따라 기술(솜씨)을 발휘한다.

빈공간은 비워진 공간이 아니라 무엇이든 채울 수 있는 공간이다.

생각의 전환은 여백문화에서 습관화된다.

손을 펴야 손으로 무엇이든 잡거나 담을 수 있다. 손을 펴는 행동이 생각을 담을 수 있는 여백문화다.

(잡은 손. 펼친 손바닥) [1]

질문으로 발명아이디어를 키워라.

TQ(Think Question) 창의성 교육법

생각을 키우는 것은 질문이다. 궁금증, 호기심, 의문점의 3가지를 질문하는 습관이 발명 아이디어를 키운다. 주변 사물이나 사건에 대한 끝없는 질문이 생각을 키운다.

"왜?" 라는 질문이 "어떻게" 라는 방법을 생각하게 만들고,
"무엇 때문에?" 라는 질문이 "아하!" 라는 생각을 키운다.

무엇을 어떻게 질문하는가의 방법이 무엇을 어떻게 하면 된다 는 생각을 만든다. 질문은 이해를 위한 것이다.

생각(Think)을 키우는 다음의 3가지 질문(Question)이 발명아이디

---

1) TQ손바닥원리

어를 자극시키고 신장시키는 비결이다.[2]

① 원인적 질문 → 왜, 무엇 때문이지?

② 방법적 질문 → 어떻게 하지, 방법이 뭐지?

③ 정보적 질문 → 무엇이 필요하지, 정보가 뭐지?

단계적이고 반복적인 질문이 사고력을 키우고 질문으로 이해할 때 문제해결능력이 나타난다. 문제는 해결하기 위해 존재하는 것으로 질문을 통한 과정을 통해 결과를 얻는다.

창의성을 신장시키는 방법이 질문이고 질문이 문제해결능력을 키운다. 왜, 무엇을, 어떻게 라는 3단계 질문 등식은 시대가 변해도 바뀌지 않는다.

발명과 지식재산권

21세기는 지식재산권 시대다. 지적 능력을 가지고 만든 창작물에 대한 권리를 말하며 저작권과 산업재산권으로 구분된다. 미술, 음악, 영화, 시, 소설, 소프트웨어, 게임 등 문화예술분야의 창작물에 부여되는 것은 저작권이고 산업과 경제활동 분야의 창작물에 부여되는 발명품, 상표, 디자인, 특허권, 상표권은 산업재산권에 속한다.

발명을 법적으로 권리를 인정받는 제도가 지식재산권이다. 지식은 무형적 가치를 가지고 있다. 발명도 무형발명과 유형발명으로 구분된다. 발명품이 있어야만 발명이 되는 것이 아니라 다뉴세문경 디자인이나 상표 등의 무형발명도 있다.

---

2) TQ 창의성교육법 강충인 TQ창의력개발원

생성형 AI(인공지능)시대 지식재산권은 콘텐츠에 대한 저작권 문제로 확산되고 있으며 글로벌시대 국제적 이슈가 되고 있다.

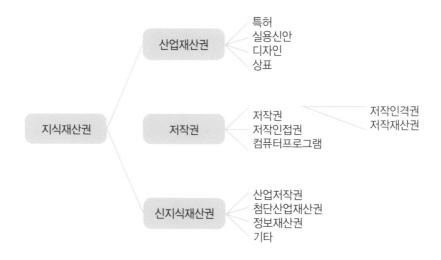

5. 발명과 지식재산권 - 천년의 한지공예 기술

한지공예 역사는 삼국시대부터 사용되어 왔다. 한지의 수명은 일반 종이와 비교할 수 없는 최소 1,000년 이상 유지된다. 천년을 이어가는 한지는 한국 전통 기술이다. 이처럼 천년을 생각하는 한국인의 창의성과 도전성이 기적을 만든 것이다.

한지는 습기를 잘 흡수하고 발산하여 종이가 썩지 않으며 해충, 곰팡이 등에 강해 오랜 시간 변색이나 손상 없이 보존된다. 화학 첨가물이 없어 자연 분해 속도가 빠른 친환경 종이다. 자연을 그대로 이용하는 친환경적 창의성은 한지를 만드는 과정에서 인내와 끈기로 만들어지고 있다.

천년 이상 변하지 않는 종이 특성으로 불교 경전보존을 위해 한지가 사용되었고 조선 시대에는 다양한 생활용품과 예술작품 제작에 활용되었다. 조선 후기에는 민간에서 한지 공예가 크게 발달하여, 지승, 지호, 지장 등 다양한 기법이 개발되었다.

천년을 이어가는 한지공예는 다양하다.
① 지승 공예: 한지를 꼬아 끈으로 만든 생활용품 공예
② 지호 공예: 한지를 풀과 섞어 형틀에 붙여 만드는 공예
③ 지장 공예: 여러 겹으로 붙이거나 오려서 만든 장식 공예

한지는 생활용품, 가구, 창호지, 문구류, 조명등의 조형물, 그림, 공예품 등으로 다양한 창작품을 만들고 있다. 한지는 천년동안 변하지 않은 가치로 첨단기술시대에도 다양하게 사용되어 한국전통 천년기술이 다양하게 응용, 활용되고 있다. 실내장식, 펜션, 건축 등에서 한지를 이용하여 다양한 제품도 개발되고 있다.

한지발명 천년의 미래

한지의 고도기술은 첨단제품을 만들고 있다. 천년동안 유지되면서 한지수명은 역사적으로 입증되었다. 751년경 간행된 것으로 추정되는 무구정광대다라니경은 세계최초 목판인쇄본으로 평가한다.

한지는 천년동안 유지된 발명품이다.

한지는 닥나무만으로 만드는 종이로 화학적 성분이 없어 플라스틱이나 합성섬유를 대체하는 친환경 소재로서 패션, 가구, 건축 등 다양

한 분야에서 활용되고 있다. 천년을 사용했던 실질적 데이터는 첨단소재로써 활용가치를 높이고 있다.

한지에 전도성 물질을 코팅하여 터치스크린이나 웨어러블 기기의 소재로 활용하거나, 한지에 센서를 부착하여 스마트 센서로 활용하는 등 다양한 가능성을 지니고 있는 발명품이 출시되고 있다.

한지는 뛰어난 내구성과 보존성을 지니고 있어 문화재 복원 및 보존에 필수적인 소재로 활용되면서 서양의 고문서 복원에 한지가 사용되어 그 우수성이 세계적으로 인정받고 있다.

한지의 투명성은 조명적 가치가 크다.

한지로 만든 조명, 인테리어 소품, 패션 액세서리 등은 세계적으로 인기를 얻으며 한국 전통기술과 문화로 인정받고 있다. 이러한 은은함은 한국인의 빨리빨리 문화와 더불어 은근한 끈기의 창의성으로 나타난다.

지식재산권 창출을 위한 창의성은 급변하는 시대에 아이디어 가치와 경쟁력을 만든다. 한지가 천년의 검증으로 가치를 평가받듯이 지식재산권으로 발명품의 가치와 경쟁력을 창출한다.

1부 발명 아이디어창출

다뉴세문경은 어떻게 발명했을까?

거울을 어떻게 만들 것인가? 거울을 만드는 소재, 기능, 형태, 기술, 디자인의 발명요소를 바탕으로 발명을 한다.

발명의 기본요소에 따라 아이디어를 창출하고 필요한 정보를 수집하고 분석하여 MAKER(제작)과정을 통해 만든다.

따라서 발명의 기본적 요소와 아이디어로 창출하는 방법을 통해 누구나 발명품을 만들 수 있다. 중요한 것은 누구나 발명가가 될 수는 없다.

1부는 발명의 기본 5가지 요소를 기반으로 한국 전통 과학발명 아이디어를 창출한 5가지 요소로 누구나 발명하는 방법을 알아본다.

1. 발명 5요소

발명에는 5가지 요소가 있다.

〈발명요소〉

어떤 발명을 할 것인가?
어떻게 발명을 할 것인가? } 발명 3단계
어떤 발명품을 만들 것인가?

　발명은 단계적으로 한다. 생각만 하고 행동으로 만들지 않으면 발명도 하지 못하고 결과물을 만드는 발명품도 만들지 못한다.
　필자가 수많은 발명품을 심사하면서 발명하는 사람들의 공통점을 찾았다. 어떤 발명을 어떻게 만들어 발명품을 만들 것인가?
　발명 3단계 과정이 없다면 발명도 발명품도 없었다.
　첫 번째 어떤 소재로 어떤 제품을 만들 것인가?
　두 번째 어떤 용도를 가진 기능을 만들 것인가?
　세 번째 어떤 구조의 형태를 만들 것인가?
　네 번째 어떤 기술로 방법을 만들 것인가?
　다섯 번째 어떤 디자인으로 만들 것인가?
　발명은 설계(도면) 디자인으로 완성된다. 디자인을 만들지 못하면 발명도 발명품도 만들지 못한다.

고조선 다뉴세문경 발명

　디자인이라는 단어가 존재하지 않았던 고조선시대 다뉴세문경은 디자인으로 완성된 발명품이다. 다양한 문양과 세련된 기법이 조화를 이루며 만들어낸 다뉴세문경은 단순한 거울을 넘어 조상들의 예술적 감각과 기술력을 보여주는 중요한 문화유산이다. 기하학적 무늬와 디자인은 이미 고조선시대 사람들에게도 보편화된 생각이었다는 것을 알 수 있다.

다뉴세문경의 디자인 우수성

첫째는 정교한 기하학적 문양이다. 다뉴세문경의 가장 큰 특징은 촘촘하고 정교한 기하학적 문양으로 동심원, 직선, 곡선 등 다양한 선이 조화롭게 어우러져 아름다운 패턴을 만들었다.

동심원의 원은 단순한 장식이 아니라 당시 우주와 자연에 대한 관념을 반영한 것으로 볼 수 있다. 0.3mm의 정교한 간격에 0.2mm 선으로 수많은 원형을 그려 우주의 무한성을 나타냈다.

둘째는 뛰어난 주조 기술이다. 작은 크기의 거울에 복잡한 문양을 새기는 기술은 오늘날 발달된 기계로 조각하기도 어려운 디자인이다. 다뉴세문경은 얇은 두께에 균일한 두께와 매끄러운 표면을 만든 기술력은 놀라운 주조기술이다.

셋째는 기능성과 미적 가치의 조화다. 다뉴세문경은 단순히 장식품이 아니라, 실생활에서 사용되었던 거울이었다. 뒷면에 달린 고리를 통해 옷이나 허리에 매달 수 있도록 제작되었고 동시에 아름다운 문양으로 개인의 취향을 표현하는 도구이었다.

다뉴세문경 디자인은 어떻게 만들었을까?

아직까지 정확한 제작 방법은 알 수 없다. 단지, 여러 연구를 통해 다음과 같은 과정을 거쳐 제작되었을 것으로 추정한다.

① 모형 제작방법
먼저 흙이나 나무 등을 이용하여 거울의 형태와 문양을 3차원적

으로 만들었을 것이다.

② 주형 제작방법

　　모형 위에 녹는점이 낮은 금속을 부어 틀을 만들어 틀 안에 녹인
　　청동을 부어 거울을 만들었을 것이다.

③ 문양 새기기방법

　　주조된 거울 표면에 얇은 막을 입히고 뾰족한 도구를 이용하여
　　정교하게 문양을 새겼을 것이다.

④ 표면 처리방법

　　문양을 새긴 후에는 표면을 매끄럽게 다듬고 광택을 내어 반사되
　　도록 했을 것이다.

〈다뉴세문경디자인〉

한국 최초 과학발명품 다뉴세문경

왜, 다뉴세문경이 최초의 과학발명품인가?
다뉴세문경의 기술적 가치는 청동기 시대의 기술력이다.

다뉴세문경은 단순한 거울을 넘어 청동기 시대 사람들의 놀라운 기술력을 보여주는 과학적인 유물이고 발명품이다. 작은 크기의 거울에 섬세하고 복잡한 기하학무늬를 새기는 것은 현대의 기술로도 쉽지 않으며 당시 사람들은 어떻게 이러한 기술을 구현했는지? 다뉴세문경이 지닌 기술적 가치를 네 가지로 분석한다.

첫째 정교한 주조 기술
① 얇고 균일한 두께: 다뉴세문경은 얇은 두께에도 불구하고 균일한 두께를 유지하며 변형 없이 견고하게 만들었다. 당시 사람들이 청동을 녹이고 틀에 붓는 주조 기술이 매우 숙련되어 있었음을 알 수 있다.
② 복잡한 문양 구현: 뒷면에 새겨진 기하학무늬는 매우 복잡하고 정교한 문양을 얇은 청동판에 정확하게 새겼다. 이는 정교한 주형 제작 기술과 함께 반복된 실패의 경험으로 숙련된 조각 기술이 발달했다는 것이다.

둘째 섬세한 세공 기술
① 미세한 선 조각: 다뉴세문경의 문양은 매우 가늘고 섬세한 선으로 구성되어 있다. 미세한 선을 새기기 위해 특수한 도구와 숙련된 기술이 발달했다.
② 반복적인 패턴: 다뉴세문경의 문양이 반복적인 패턴으로 구성된 것은 많은 실패를 통해 얻은 규칙적 작업으로 정확하게 문양을 새길 수 있도록 하는 경험으로 축적된 기술이다.

셋째 합금 기술

① 청동 합금: 황금비율의 다뉴세문경은 구리와 주석의 합금인 청동으로 만들었다. 구리와 주석의 비율을 조절하여 거울의 경도와 광택을 조절했을 것으로 추정한다.
② 내구성: 청동은 부식에 강하고 단단하여 오랜 시간이 지나도 변형되지 않고 원형을 유지시킨다. 다뉴세문경이 오랜 시간 동안 보존될 수 있었던 이유다.

넷째 기타 기술적 가치
① 표면 처리 기술: 다뉴세문경은 표면이 매우 매끄럽고 광택이 나도록 만든 표면 처리 기술이 발달했다.
② 도안 능력: 복잡하고 아름다운 기하학무늬를 디자인할 수 있는 풍부한 경험은 한국인의 전통 디자인성이다.

다뉴세문경의 발명기법
다뉴세문경은 더하고 빼고 합하고 나누는 방법으로 만들었다.

① 더하기 방법
  구리65.7%와 주석34.3%를 결합한 황금비율의 주조기술
② 빼기 방법
  디자인은 빼기 방법으로 주형을 제작하고 모형 위에 녹는점이 낮은 금속을 부어 틀을 만든 후에 녹인 청동을 부어 만든 거울
③ 곱하기 방법
  입자가 가는 모래에 문양을 조각하는 거푸집에 심원, 직선, 곡선 등 다양한 선이 조화롭게 어우러진 아름다운 패턴
④ 나누기 방법

매우 가늘고 섬세한 선을 새기기 위해 특수한 도구와 숙련된 디자
인 기술

다뉴세문경 디자인이 주는 메시지

다뉴세문경은 단순한 유물을 넘어 고조선 사람들의 사고방식과 예
술적 디자인감각이 한국인에게 전통적 발명기술로 전수되어 오늘날
손기술과 감각의 유전자로 다음과 같이 이어지고 있다.

① 자연과의 조화: 다뉴세문경의 문양은 자연에서 영감을 얻은 기하학
   적 형태다. 오늘날 디자이너에게 자연에서 영감을 얻어 디자인하
   는 전통적 유전자가 되었다.
② 기능성과 미적 가치의 조화: 다뉴세문경은 실용성과 아름다움을 동
   시에 갖춘 디자인으로 고도로 발달한 시대에 디자인의 기능성과
   미적 가치로 나타나고 있다.
③ 정교함과 섬세함: 다뉴세문경은 14.6cm~21cm 원안의 작은 크기
   안에 놀라운 정교함과 섬세함을 담고 있어 오늘날 디자이너에게
   디테일의 중요성을 강조하고 있다.

다뉴세문경은 단순한 유물이 아니라 고조선 사람들의 지혜와 기술
력을 보여주는 과학발명품으로 디자인시대를 이끌어가는 한국인의 창
작성으로 나타나고 있다. 디자인감각은 하루아침에 만들어지는 것이
아니다.
다뉴세문경은 한반도 청동기 시대의 문화와 기술 수준을 보여주는
대표적인 과학발명품으로 정교한 문양과 뛰어난 주조 기술은 한국인
의 주조기술과 디자인 감각으로 K-철강산업과 K-반도체 등의 기술

로 창출되고 있다.

한국인의 디자인 창의성은 고조선부터 이어져 내려오는 디자인 감각으로 실생활에서 응용되고 활용되어 6.25 폐허 속에 기적을 만든 힘으로 반도체를 비롯한 첨단기술 분야에서 창출되고 있다.

5가지 발명요소

첫째 제품적 발명

신제품은 서로 같거나 다른 것이 비빔밥처럼 융복합 되어 새로운 발명으로 창출되고 있다. 한국 비빔밥 문화의 융복합 디자인기술이 미래 융복합 기술에 놀라운 효과를 나타내고 있다.

융복합은 정보통신IT(Information · Technology), 생명공학 분야의 BT(Bio Technology), 초정밀 나노기술 NT(Nano Technology), 환경공학분야 ET(Environmental Technology), 우주항공 분야의 ST(Space Technology), 문화관광분야 CT(Cultural Technology) 등을 유기적으로 연계시켜 신기술, 신기능개발을 통한 신제품을 만들고 있다.

상상을 현실로 만드는 융복합 발명

서로 다르기 때문에 결합할 수 없는 것보다 서로 다른 특징이 융합되어 상상을 현실로 만드는 디자인이 융복합이다.

한국 전통 김치, 홍합 등은 삭히고 썩혀서 새로운 맛을 만들어내는 발효식품으로 디자인했다. 융복합 기술은 기존의 틀을 깨고 새롭게 만들어 내는 발효식품기술과 같다.

썩혀 만드는 홍어

냄새가 코를 진동시키고 머리까지 흔들리는 홍어는 한국전통의 발효식품이다. 맛에 길들이면 계속 먹게 된다. 신제품을 만드는 기술은 홍어처럼 새로운 환경과 조건을 만들어 초현실사회를 만들고 상상을 초월하여 공간과 시간을 하나로 만들어내고 있다.

둘째 기능적 발명

다뉴세문경은 거울이었지만 실용성과 아름다움을 동시에 갖춘 디자인의 기능성과 미적 가치를 가지고 있다.

새로운 기능을 어떻게 만들 것인가?

제품을 사용하면서 다른 기능의 필요성을 느낀다. 따라서 하나의 기능은 다기능으로 발전한다. 문제는 새로운 기능의 필요성을 어떻게 충족시키는가의 방법이다.

발명은 불편한 것을 편리하게 만드는 방법이다.

좀 더 편리하고 다양하게 만드는 방법이 기능이다. 스프링을 이용하여 버튼을 만들면 간단하게 작동되는 것처럼 기능은 구조 개선을 통해 기술적 방법을 찾게 되고 기술적 방법을 작동하기 위한 디자인으로 스위치를 발명한다. 이처럼 기능은 단계적 과정에서 다양하게 만들어진다. 기능은 사용자 입장에서 창출된다. 하나의 기능에서 또 다른 기능을 만드는 다기능성과 기존의 기능을 축소하여 간단하게 만드는 두 가지로 구분된다.

스프링의 탄성을 이용하여 스위치를 만드는 디자인

셋째 구조적 발명

다뉴세문경은 거울을 옷이나 허리에 매달아 휴대하기 위한 실용적인 기능을 가진 발명품이다.

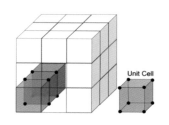

어떤 구조로 기능을 어떻게 만들 것인가?

반도체기술은 구조를 최적화시키는 것이다. 공간을 나누고 쪼개고 덮치고 포개어 공간의 효율성을 최대한 높이는 기술은 구조의 최적화 디자인에 달려있다.

세계 최초의 철갑 거북선의 비결은 구조에 있었다. 갑판을 뚜껑으로 덮고 노 젓는 공간을 양쪽으로 분리하여 이동공간을 최적화시켰다. 편평한 배 바닥을 이용하여 빠른 회전으로 좌측 함포로 공격하면 배를 회전시켜 우측 함포로도 공격함으로 배의 기동성과 좌우 공격 기능성을 최대한 높인 구조적 발명품이었다.

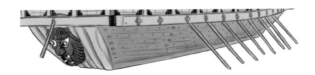

임진왜란 당시 일본 배는 삼각형으로 물살을 가르며 빠른 속도로 전진을 할 수 있었지만 회전의 허점이 있었다. 판옥선은 바닥이 편평하여 속도는 느리지만 회전이 가능한 공격 구조이었다.

넷째 기술적 발명
다뉴세문경은 구리와 주석을 황금비율로 만든 정교한 0.2mm의 13,000개 선으로 디자인된 기술로 만들었다.

어떤 기술을 개발할 것인가?

기술은 방법이다. 기존에 없던 방식으로 문제를 해결하거나 더 효율적인 신규성, 고도성을 개발한다.
4차 산업혁명 미래를 이끌어 가는 기술은 빅데이터 기반의 생성형 AI, 챗봇GPT 등으로 개발되고 있다.

생성형AI, 챗봇GPT 등은 인간의 지능을 모방한 인공지능으로 기술 개발에 이용되고 있다. 다기능화 되는 스마트폰은 통화뿐 아니라 다양한 기능으로 미래를 이끌어 가고 있으며 자율주행 자동차를 비롯한 로봇산업, 유전자 편집, 신약 개발 등 생명과학 분야의 바이오기술 개발 등이 미래를 이끌어 가고 있다.
바이오산업 기술개발, 신약개발 등의 기술 혁신성은 물질발명 5가지 요소로 개발되고 있다.

〈물질발명요소〉

다섯째 디자인 발명

발명품은 디자인으로 사용성, 기능성 등이 결정된다. 어떤 형태로 만드는가에 따라 사용하기 편리하다. 반도체 디자인은 생산적이고 효율적인 기능으로 가치가 창출한다.

디자인을 어떻게 할 것인가? 공간디자인이다.

〈공간요소〉

발명품의 공간은 공기, 부피, 면적, 크기, 소재 등에 따라서 삼각, 사각, 다각, 원형, 원형, 원뿔 등을 부피와 면적, 크기, 길이, 두께, 넓이, 깊이 등의 공간을 디자인한다.

쪼개고 덮고 겹치고 포개는 나누기 방법으로 공간을 디자인한다.

반도체 신화를 만든 디자인

삼성이 반도체 메모리시장에서 일본을 석권했던 비결은 구조, 회로, 기능 등의 설계디자인이다. 반도체는 공간의 효율성과 기능성을 디자인한 고밀도 집적 기술과 미세 공정 기술이다. 공간설계 디자인의 효율성이 반도체 경쟁력을 만든다.

다뉴세문경의 정교한 디자인 기술이 반도체 소재를 나노기술에 의한 구조로 기능을 창출시킨 잠재성이다. 어떤 구조로 만들어 기능을 만들 것인가를 디자인하는 기술개발에서 삼성은 일본을 앞섰다. 일본이 생각하지도 못한 4메가비트(4Mb)와 8메가비트(8Mb) DRAM 개발은 한국인의 전통적인 디자인감각에서 창출되었다.

2. 아이디어 5요소

아이디어는 어떻게 창출하나?

신기전은 중국의 인해전술을 막는 다연발 로켓이다. 한 번에 다수를 공격하는 독창적 가치를 창출하는 아이디어다.

〈아이디어요소〉

첫째는 독창성이다.

기존에 없던 새로운 생각이나 기존의 것을 새롭게 조합하여 창출하는 생각이다. 남들과 다른 독특하고 새로운 발상이다. 독창성은 다양한 분야의 지식과 경험에서 새로운 아이디어를 떠올리는 것으로 사물에 대한 호기심을 끝없이 질문하며 자유롭게 새로운 관점으로 창출하는 아이디어다.

왜, 무엇 때문에 불편한가? 무엇이 필요한가? 어떻게 바꾸면 좋을까? 신기전은 한 번에 여러개 화살을 발사하는 방법과 기능으로 다수를 공격하는 공격력과 정확한 발사력을 독창적으로 개발했다.

필자가 아이디어심사를 하면서 독창적인 평가를 할 때, 아이디어에 대한 독창성이 무엇이냐고 질문한다. 왜, 아이디어가 필요한가 정확하게 어떤 영향을 줄 것인가? 독창적인 가치와 기능성을 가진 아이디어를 평가했다.

둘째는 가치성이다.

아이디어 가치는 편리성과 기능성 등으로 평가 받아 이익을 창출한다. 가치가 없다면 단순한 상상이고 공상으로 아이디어는 아니다.

아이디어는 실행 가능하고 시장 수요가 있고 경제적 가치를 창출할 수 있어야 한다. 가치를 창출하지 못하는 아이디어는 단순한 발상으로 끝난다. 실질적 가치를 창출하는 아이디어이어야 한다.

아이디어의 가치창출

신기전이 다연발 로켓으로 공격적 가치를 창출했듯이 새로운 아이디어는 기존 시장에 변화를 일으키고 신산업을 창출함으로 개인이나 기업의 경쟁력을 만든다.

① 사용적 가치

불편한 요소를 제거하여 편리하게 사용하는 가치

② 기능적 가치

없었던 기능을 추가하여 좀 더 다양하게 사용하는 가치

③ 생산적 가치

좀 더 빠르고 정확하게 생산할 수 있는 가치

④ 경제적 가치

사용하는 사람에게 경제적 이익을 주는 가치

⑤ 사회적 가치

사회 문제해결에 기여하는 사회적 가치와 경제적 가치

⑥ 문화적 가치

전통문화를 활성화시키는 가치

신기전이 오늘날 K-9 자주포를 개발하는 아이디어가 된 것처럼 아이디어 가치는 지속적으로 창출된다.

신기전기 아이디어 가치창출

① 사용적 가치

신기전을 개발했는데 사용하기 불편하고 복잡했다면 실제 전투에서 사용되지 못했을 것이다. 여러 개의 화살을 하나로 만들어 간편하게 이동하는 방법과 여러 개의 화살에 불을 붙이는 체계적인 기술이 사용하기 편리했기 때문에 신기전의 가치가 창출됐다.

② 기능적 가치

신기전은 활보다 훨씬 멀리 화살을 발사하여 적을 공격할 수 있었으며 한 번에 여러 개의 화살을 발사하여 넓은 지역에 피해를 입힐 수 있고 화살에 불을 붙여 발사하여 적에게 화상을 입히거나 주변에 불을 지펴 공격하는 여러 기능적 가치가 있다.

③ 생산적 가치

신기전은 체계적인 방법으로 질산칼륨(초석), 황, 숯을 정확한 비율로 혼합하여 화약을 제조했다. 화살의 몸체 역할을 하는 대롱은 주로 대나무로 만들었고 일반적인 화살촉 외에 불을 붙여 화살을 발사하는 방화 화살촉도 개발했다. 화약을 담는 용기는 대롱의 뒷부분에 부착하였고 깃털을 달아 날아가는 안정성을 유지시키도록 개발했다.

④ 경제적 사회적 문화가치

신기전의 개발과 생산에 자원과 기술이 투입되어 국방 산업의 발전을 이끌었다. 화약 제조 기술, 금속 가공 기술 등 관련 산업 분야의 발전과 국가 경쟁력을 창출시켰다. 신기전은 조선 시대 과학 기술의 우수성을 보여주는 중요한 문화유산으로 경제적 성장, 사회적 안정, 문화적 발전 등에서 긍정적인 효과를 창출시켰다.

셋째는 기능성이다.

어떤 기능을 어떻게 얼마나 창출시키는가에 가치가 달라진다.

전통 한지의 기능성이 천년으로 평가받듯이 아이디어가 얼마나 작동하고 효과적인가를 나타내는 것이 기능성이다. 즉, 아이디어가 단순히 독창적이고 흥미를 유발하는 단계에서 실질적으로 문제를 해결하거나 사용자에게 얼마나 편리하고 기능적 역할을 주는가에 따라 아이디어 가치가 평가된다.

한지의 기능성 평가

① 뛰어난 내구성과 보존성

천년을 가는 한지는 닥나무 섬유로 인쇄용 종이보다 훨씬 강하고 질기다. 습기와 해충에 강하고 오랜 시간이 지나도 변색이나 훼손이 적어 귀중한 문화재를 보존하는데 사용된다.

② 뛰어난 흡수성

잉크를 잘 흡수하고 번지지 않아 서예나 그림재료로 최고다. 습기를 조절하는 능력이 뛰어나 벽지나 창호지로 사용하면 실내 습도를 일정하게 유지시켜 준다.

③ 우수한 환경 친화성

한지는 닥나무, 뽕나무 등 천연 재료로 친환경적이다. 생산 과정에서 유해 물질이 발생하지 않고 자연 분해가 잘된다.

④ 재활용 가능성

한지는 여러 번 재활용이 가능하여 자원 낭비를 줄이고 환경 보호적이다. 따라서 문화재 보존재료로 사용되고 있다.

그밖에 천년 한지가 빛을 투과시키고 공기를 순환시키는 기능적 역할로 건축, 의료, 패션 등의 다양한 분야에서 응용되고 활용되는 것과 같이 아이디어는 기능적 요소가 중요하다. 한지는 기능적 요소를 다양하게 응용하고 활용하는 아이디어 재료다.

다용도, 다기능은 기능적 아이디어다.

한지의 다양한 활용

① 한지의 부드러운 질감과 뛰어난 흡수력은 서예와 그림에 최적이
다. 먹의 번짐과 농담을 자유롭게 표현할 수 있어 예술가들의 창
작성을 표현하는 재료다.

② 한지를 이용해 다양한 공예품을 만든다. 부채, 가구 등 생활용품
이나 조형물의 제작에 용이하다.

③ 한옥의 창호지, 벽지 등 건축 자재로 사용된다. 뛰어난 단열성과
투습성으로 쾌적한 실내 환경을 만든다.

하나의 제품이 다양하게 사용되는 것은 사용자가 다용도, 다기능으
로 응용하고 활용하는 창의성이다. 낫으로 벼를 베고 풀 등을 베는 것
처럼 다양한 용도로 사용하는 것이다.

아이디어의 기능성은 아이디어의 성공 여부를 판가름하는 중요한
요소다. 기능성이 없는 아이디어는 가치도 없으며 사용자의 입장에서
평가 받는다. 기능성 아이디어는 다양하게 지속적으로 개발 가능한 아
이디어로 평가한다.

이를테면 스마트폰의 다기능성은 사용자에게 편리성과 이익성을 제
공함으로 지속적인 스마트폰의 경쟁력을 유지하고 있다. 진공청소기
에 단순한 청소기능에서 멸균이나 살균등의 기능적 효과를 창출시켜
청소기 가치가 높아지는 것과 같이 하나의 제품을 다기능, 다용도로
활용되게 만드는 것이 창의적 사고력이다.

한국이 IT 산업과 스마트폰 시장에서 지속적으로 신상품을 개발하
는 기술력은 선천적으로 다기능성에 관심을 가지고 도전하는 습관이

있기 때문이다.

넷째는 아이디어의 영향성이다.

직지심경은 세계 최초의 금속활자 인쇄본으로서 인류 문명의 역사를 바꾼 위대한 발명품이다. 금속활자 직지심경의 인쇄는 불경을 보급하는 역할과 학문적 발달을 촉진시켰다.

직지심경의 영향성

① 인쇄술 발전의 기폭제

직지심경은 금속활자가 목판보다 훨씬 빠르고 정확하게 대량의 책을 제작할 수 있다는 것을 증명했다. 따라서 인쇄술 대중화를 이끌었다. 금속활자는 책을 대량으로 생산함으로 정보의 접근성을 높이고 지식의 대중화를 이끌었다.

② 문화 및 사회 변화

책의 대량 생산은 보급을 통해 학문 연구와 교육의 발전을 촉진시켰다. 많은 사람들이 책을 통해 지식을 습득하고 교육을 통해 정보를 공유함으로 문맹률이 낮아지고 정보를 공유하면서 아이디어의 중요성도 부각되었다.

③ 사회 변혁의 촉매

종교 개혁과 르네상스 등 역사적인 사건들은 인쇄술의 발달로 발생했다. 대량생산으로 책을 공유하면서 새로운 사상과 가치관이 빠르게 확산되어 사회 변혁을 이끌었다.

④ 문화 다양성 증진

다양한 분야의 지식과 정보가 책을 통해 전파되면서 문화적 다양성이 촉발되어 문화의 대중화를 이끌었다.

⑤ 세계사에 미친 영향

직지심경보다 약 78년 후에 등장한 구텐베르크의 금속활자 인쇄술이 직지심경의 영향을 받았다는 평가도 있다.

인쇄술의 발전은 근대 문명의 발전에 뿌리다. 과학 기술의 발전, 민주주의의 확산 등 현대 사회의 모습은 인쇄술의 혁신 없이는 상상하기 어렵다. 인쇄술은 단순한 인쇄기술의 발달이 아니라 인류역사의 대 전환이다.

한국의 위상 제고

직지심경은 유네스코 세계기록유산으로 등재되어 한국의 문화적 우수성을 세계에 알리는 기회가 되었다. 직지심경은 한국인들에게 자긍심을 심어주고 5,000년 역사에 대한 관심을 높이는데 기여했으며 과학발명품으로 가치를 세계화 시켰다.

아이디어가 실생활에 미치는 영향은 크다.

아이디어는 경제, 사회, 산업, 교통, 교육, 생활 등의 모든 분야의 변화를 만들어내는 강력한 힘이고 에너지다.

인쇄술의 발달은 정보의 대중화와 지식 혁명을 만들었고,

산업혁명은 생산 방식을 혁신하고 사회 구조를 변화시켰고,

인터넷은 정보 가치와 글로벌 네트워크를 형성했고,

인공지능은 산업혁명과 미래사회의 변화를 주도하고 있다.

윤리적 아이디어

인공지능 로봇이 인간을 공격한다면 미래사회는 심각한 사태가 발생한다. 인간을 위한 로봇을 만드는 아이디어는 윤리성이다. 아이디어

를 제안하는 사람들의 윤리성이 인간을 공격하는 로봇을 만들지 않게 협동적 로봇을 만들어야 할 것이다. 사회규범, 도덕, 규칙 등을 깨트리며 범행을 저지르는 아이디어는 인류를 파멸시킨다.

다섯째 아이디어의 명확성이다.

필자가 학생, 일반인 등의 아이디어를 수만 건 심사하면서 느끼는 것은 아이디어의 명확성이다. 아이디어가 무엇을 말하는 것이고 무엇에 어떻게 사용할 것이며 어떤 편리함이나 기능, 생산적 효과가 있는지를 알 수 없다면 가치도 없다고 평가했다.

고조선시대 다뉴세문경은 거울이라는 명확성을 가지고 있었고
고구려시대 방패연놀이는 하늘에 날려는 문화적 가치가 있었고
비빔밥을 통해 융합적 사고를 대중화 시켰다.
신라시대 첨성대는 천문학 연구를 통한 우주관을 가지고 있었고
봉화대는 정보소통의 소통문화를 가지고 있었으며
인쇄술은 정보교류와 보존, 교육의 수단이었다.
백제시대 도자기문화는 도예기술과 예술성을 일반화시켰으며
반도체 소재개발, 연구에 기초 자료가 되었다.
고려시대 고려청자는 규소개발을 통한 반도체에 영향을 주었고
직지금속활자는 인쇄기술 발달과 출판을 확산시켰고
신기전은 화포 신기술개발과 K방산에 영향을 주었다.
조선시대 비거(날틀)은 비행기술과 항공산업에 영향을 주었으며
거북선은 조선산업과 방산산업발달에 영향을 주었다.
그밖에 혼천의, 자격루 등의 조선시대 발명품은 한국과학발명의 기초가 되어 오늘날 방산산업, 조선산업, 철강산업의 뿌리가 되었으며

과학적 한글은 소통문화와 인터넷 문화에 정보교류를 촉진시켰다.

　이처럼 5,000년 한국과학발명은 아이디어의 명확성을 지니고 있으며 이를 통해 기술개발과 산업발달을 촉진시키는 아이디어창출의 뿌리가 되었다.

한국과학발명의 명확성
아이디어를 명확하게 제안하려면 다음과 같이 해야 한다.
첫 번째 혁신적 아이디어, 독창성이 있어야 한다. 기존의 방식과 차별화되는 개선이나 방법, 혁신적 해결책을 제시한다.
두 번째 실행 가능해야 한다. 제시된 아이디어가 현실적으로 실행할 수 없고 추상적이고 단순한 희망사항은 실행하기 어렵다.
세 번째 구체적인 계획이 있어야 한다. 아이디어를 실현하기 위한 단계별 계획과 방법, 기술 등을 제시한다.

　아이디어 제안서는 왜, 필요하고 무엇을, 어떻게 만들 것인가를 구체적이고 명확하게 설계도면을 제시해야 한다.

　단순한 아이디어도 목적이 있다면 다른 사람들과 협동하여 구체적인 아이디어로 만들 수 있다. 아이디어의 명확성이다.
　인터넷에 5살 아이가 의족, 의수가 없는 것이 안타까워 자신이 레고로 만든 작품을 올렸다. 이를 보고 지구촌에 많은 사람들이 자신의 의견과 정보를 제공하면서 각 분야의 전문가들이 참여하여 3D프린터로 의족, 의수를 만들어 무료로 나눠준 사례에서 보듯이 아이디어의 명확성은 아이디어 가치를 창출시키는 요소다.

다뉴세문경을 비롯한 방패연, 백제향로, 고려청자, 직지심경, 신기전기, 훈민정음, 거북선, 혼천의, 자격루 등의 수많은 한국발명품은 명확한 목적을 가지고 발명되었기 때문에 세계적으로 높게 평가받고 있다.

3. 발명아이디어 창출 5요소

발명아이디어를 창출하는데 5가지 요소가 있다.

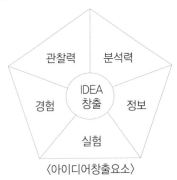

〈아이디어창출요소〉

누구나 아이디어를 창출할 수 있으나 모든 아이디어가 발명품이 되는 것은 아니다. 아이디어로 개선하거나 혁신을 하려면 가치가 있어야 한다. 도표에서 제시한 5가지 아이디어요소를 충족시켜야 발명품으로 가치를 창출할 수 있다.

세계최초 다연발 로켓 – 신기전 발명 아이디어
중국의 인해전술을 관찰하고 분석한 결과는 한 번에 대량으로 공격할 수 있는 무기 개발이었다. 하나씩 발사하는 활을 여러 개 결합하여 동시에 다량의 활을 쏘는 방법을 찾아낸 것은 관찰과 분석이다. 다연발 장치를 개발하고 정확하게 활을 쏘던 기술적 경험을 바탕으로 어떻게 공격할 것인가의 정보를 수집하고 분석하는 단계적 과정에서 신기전을 만들었다.

반복 실험을 통해 신기전을 수정하고 보완하면서 세계최초의 다연발로켓을 개발했다. 이처럼 단순한 아이디어가 아니라 경험에 의한 실질적 아이디어가 문제를 해결한 발명이 된다.

첫 번째는 관찰력이다.

아이디어를 창출하는 사람들은 평소에 사물이나 사건에 대한 관심이 다르다. 적극적인 관심으로 관찰할 때 개선점, 혁신점을 발견한다. 단순히 머릿속에서 떠오르는 생각을 넘어 현실 문제를 해결하고 새로운 가치를 창출하려는 목적이 있어야 한다.

관찰1) 활은 직선으로 날아가는 것이 아니라 포물선을 그리며 날아간다. 단순히 활을 당겨 쏘는 것보다 정확한 자세, 호흡, 시력, 거리에 대한 판단력 등을 기본으로 반복된 연습이 중요하다.

활 쏘는 자세와 호흡, 시력을 관찰하여 문제점을 고치는 훈련과정에서 거리감각과 쏘는 방법 등을 관찰 분석한다.

관찰2) 일반 활은 활시위를 뒤로 당기면 활대가 휘어지며 탄성에너지를 축적시켜 날아가지만 신기전은 몸체 안에 있는 화약에 불을 붙이면 화약이 폭발하며 엄청난 가스가 분출되면서 추진력을 만들어 날아간다. 활 쏘는 방식과 신기전의 방식은 다르다.

관찰 1)·2)의 공통점은 반복 훈련과정을 통해 쏘는 방법과 발사하는 방법을 단계별로 관찰하여 기술을 습득하는 점이다. 활은 탄성을 이용하지만 신기전은 화약의 양과 신기전의 구조에 따라 비행 거리와 높이를 결정한다.

일부 신기전은 2단 또는 3단으로 구성되어 날아가는 공간에서 1단이 다 타고 나면 2단, 3단이 순차적으로 점화되어 더 멀리 날아갈 수 있도록 설계했다. 이러한 설계는 오늘날 K9 자주포 발사방식과 같다. 우주로 발사하는 로켓도 1단, 2단 3단으로 분리하면서 지구궤도로 날아가는 방식을 쓰고 있다.

따라서 신기전은 자주포를 비롯한 우주발사 방식의 근간을 만든 세계최초의 다연발로켓이다.

아이디어는 관찰 질문에서 시작된다.

신기전은 활이 날아가는 방향을 세밀하게 관찰하여 거리를 측정하며 훈련과정에서 반복 질문을 통해 문제를 해결했다. 아이디어는 설계과정에서 어떤 부분을 관심을 가지고 관찰했는가에 따라 달라진다. 좀 더 멀리 날리기 위해 1단에서 2단, 2단에서 3단으로 날아가는 방법을 설계했다.

관찰과 질문

긍정적 관찰을 해결하는 위해 질문이 필요하다. 어떤 문제점을 어떻게 해결할 것인가? 방법적 질문이나 정보적 질문을 통해 개선점과 혁신점을 단계별로 작성한다. 경험자에게 질문하는 방식은 경험적 질문이고 학술정보나 발명데이터를 분석한 정보를 질문하거나 검색하는 것은 정보적 질문이다.

활을 쏜 경험과 활이 날아가는 포물선을 연구 분석한 자료를 결합하여 K9자주포의 성능과 기능을 개발한 것이다.

생성형AI, 챗봇GPT 정보질문

생성형AI 챗봇GPT 정보는 방대한 자료를 분석한 데이터이지만 프롬프트에 적합한 질문을 해야 필요한 정보를 얻을 수 있다. 간결하고 명확한 질문을 해야 한다.

인공지능은 방대한 정보를 빠르게 분석하여 제시하지만 올바른 질문이 아니면 다른 정보를 제시하기 때문에 정확하고 명확한 질문이 중요하다. 따라서 예시를 통해 질문하는 방식이 필요하다.

관찰은 아이디어를 얻는 사람의 기본이며 관찰한 자료를 인공지능에게 제시하는 것은 간접적 관찰제시방법이다. 이는 인공지능이 관찰하지 못한 부분을 제시하는 프롬프트 활용 방법이다.

문제를 관찰하는 긍정적 자세가 문제해결의 아이디어를 만든다.

두 번째는 분석력이다.

거북선은 일본 함선의 취약점을 정확히 분석한 이순신의 아이디어다. 사물을 어떤 관심을 가지고 어떻게 관찰했는가에 따라 분석하는 방향과 방법도 달라진다. 전략적 분석이다.

"아, 저것은 당연한 거야""더 이상은 안 되는 거야"
라고 당연성에 대해 결론을 내린다면 아이디어는 없다.
"왜, 그럴까?""무슨 원인이지?""어떻게 하면 될까?"
의문점 해결을 위한 관찰과 분석이 아이디어를 창출시킨다.

이순신의 SWOT 분석

강점	약점
기회	위협

사물과 사건은 장점과 단점, 강점과 약점이 있다. 강점은 기회가 되고 약점은 위험을 가져오기 때문에 사전에 예방하거나 기회를 만드는 것이 작전기획의 분석이다.

일본배의 장점과 단점을 분석하여 당시 사용하던 판옥선의 안정성과 회전성의 강점을 이용하여 기회를 만들었고 일본배의 강점인 속도를 역으로 이용하기 위해 회오리 흐름의 바닷물을 이용해 공격 수단으로 선택했던 SWOT 분석의 작전이었다.

이순신의 분석력

임진왜란 때 강력한 무기는 함포이었다. 이순신의 아이디어는 일본배의 약점을 기회로 만들었다. 당시 함포는 한번 발사하면 재충전하는데 시간이 소요되었다. 이를 해결한 것이 판옥선의 회전을 이용한 함포의 좌측, 우측의 설치이었다. 양쪽에 함포를 설치하여 한쪽이 발사하면 배를 빠르게 돌려서 다른 쪽의 함포를 발사함으로 연속발사를 가능하게 만드는 아이디어이었다.

판옥선의 약점은 속도이었다. 일본 배보다 속도가 느렸지만 안정성과 회전성에서 일본 배를 압도했다. 함포사격은 해상에서 치명적인 사격수단이었다. 속도는 느렸지만 회전이 빨라서 물의 흐름을 최적화시켜 속도를 조절할 수 있었고 전략을 세우는데 유리했다. 약점을 기회로 만든 이순신 전략이었다.

SWOT 분석법은 많은 기업에서도 전략분석으로 사용하고 있다. SWOT 방법을 통해 얻은 정보를 어떻게 적용하고 응용하고 활용하는가의 아이디어창출은 방법에 달려있다.

가감승제변 아이디어창출기법

SWOT 분석자료를 체크리스트로 만들어 더하고 빼고 곱하고 나누고 바꾸는 가감승제변 5가지 방법으로 아이디어를 창출한다.

강점과 강점을 더하거나 빼고
강점과 약점을 더하거나 빼며
약점에 강점을 더하거나 빼고
약점에 약점을 더하거나 빼면
새로운 기회가 만들어지고 위협을 예방하거나 차단시켜 개선하고 혁신하는 아이디어가 창출된다. 위기를 전략적으로 이용하면 또 다른 기회가 된다. 기회를 놓치면 위기가 될 수 있다. 임진왜란이 발생하기 전에 철저한 준비를 했다면 왜구의 침략을 사전에 차단하고 공격하는 기회가 되었을 것이다.

세 번째는 경험이다
『발명은 실패를 통해 성공한다.』
『실패는 성공의 첫걸음이다.』

경험으로 개발한 화약

최무선은 화약 개발을 위해 많은 실험을 했다. 화약을 만드는 초석은 자연에서 얻을 수 있는 물질로 주로 광물이나 식물에서 추출했다. 최무선은 농업에서 나오는 유기물이나 동물의 배설물과 같은 자원을 이용했다. 자연에서 얻는 질산칼륨을 구하기 어려웠던 최무선은 배설물에서 추출되는 미량의 초석을 모으기 위해 많은 실패를 통해 방법을 찾았다.

배설물에는 질산염 외에도 다양한 불순물이 포함되어 있어 순수한 초석을 얻기 위해서는 복잡한 정제 과정이 필요했다. 염초 밭을 만들어 흙, 재, 똥, 오줌 등을 섞어 놓고 오랜 시간 발효시켜 질산염을 얻는 방법도 연구했다.

당시 최무선은 동굴이나 암벽에 붙어 있는 초석을 긁어 모으거나 석회암 지대의 땅속에서 덩어리로 발견된 초석을 얻기 어려웠기 때문에 농업적 방법을 선택했다.

최무선은 다양한 실험을 통해 얻은 경험으로 화약 성능을 개량하고 이를 바탕으로 불화살을 비롯한 다양한 화기를 개발했다.

실패를 기회로 만드는 긍정적이고 창의적 사고방식이 발명가의 정신이다. "실패했기 때문에 할 수 없다."는 발상은 발명적 사고가 아니다. 실패의 경험은 성공의 기회를 만든다. 중국인이 발명한 화약을 만들기 위해 최무선은 수많은 실패 경험을 했다.

실패로 성공한 발명
도자기는 수많은 실패 경험을 통해 원인을 찾는다.
① 유약의 균열: 불온도 조절 실패, 유약 성분의 불균형 등으로 인해 유약이 균열되거나 벗겨지는 현상이 발생한다.
② 기형: 굽는 과정에서 팽창률이 달라 기형이 발생하거나 굽이 틀어지고 터지는 현상이 발생한다.
③ 색상 불균일: 유약의 성분이나 불의 온도에 따라 원하는 색상이 나오지 않고 얼룩덜룩한 색상이 나타난다.
④ 문양의 손상: 상감 기법 등 정교한 문양을 새길 때 미세한 실수로

인해 문양이 깨진다.

왜? 실패 했을까?

실패원인을 해결하기 위해 무엇과 무엇을 더하고 빼고 곱하고 나누고 바꿀 것인가의 해결방법을 찾는다.

첫째 다양한 종류의 흙을 깊이 있게 연구하고 각 흙의 성질에 맞는 제작 기법을 개발한다.

둘째 유약의 종류와 비율, 소성 온도에 따라 도자기의 색깔과 질감이 달라지기 때문에 이를 정확하게 조절하는 기술을 익힌다.

셋째 흙을 다루는 다양한 성형 기법을 숙달하여 원하는 형태를 만들어내는 능력을 습득한다.

넷째 상감, 조각, 철화 등 다양한 장식 기법을 익히며 새로운 기법을 개발한다.

이처럼 도공은 800 ~ 1,000℃ 온도를 유지하기 위해 불가마에서 지속적으로 불을 조절하며 도자기를 굽는다. 고려청자는 도공의 지속적인 노력과 실패를 통해 얻은 결과물이다.

네번째는 정보다.

K방산산업은 K2전차, K9자주포, FA-50 경공격기, KSS-III 잠수함, K21 초음속기 등으로 세계 방산시장에서 평가받고 있다.

6.25 전쟁 당시 전차 한 대, 비행기 한 대도 없던 한국이 세계에서 가장 빠른 속도로 세계 방산시장에서 경쟁할 수 있는 비결은 무엇일까?

경험과 정보다.

신기전은 중국의 인해전술을 막기 위해 개발되었고 화약제조법을 습득하여 수많은 실패 경험을 통해 화약을 개발하여 세계최초의 다연발로켓을 발명했다.

한국인의 우수한 손기술과 창조적 DNA에 의한 도전과 개발은 K방산산업의 기술력으로 평가받고 있다. 첨단기술에는 정보가 중요하다. 정보를 바탕으로 기술이 개발되어 경쟁한다.

6.25전쟁 폐허에서 1955년 국제차량제작소에서 제작한 "시발"자동차는 당시 미군으로부터 지프 부품 300여 대를 공급받아 조립하고 드럼통을 펴서 차체를 만든 트럭 형태의 차량이었다.

탱크를 개발하여 K-2흑표전차를 만들었고 K-9자주포를 만들었으며 FA-50 비행기 수출에 이어 초음속 KF-21비행기 생산과 세계 1위 한국지하철로 평가받고 있다.

1980년대 북한의 잠수함 전력에 위기를 느낀 정부가 독일의 잠수함 기술을 기초부터 배우기 위해 데베 조선소에 150명의 잠수함 기술 습득을 위해 파견했다. 이를 기회로 잠수함에 대한 정보나 기술이 전무했던 한국은 놀라운 속도로 독일 잠수함을 기반으로 한국형 잠수함을 만들어 수출하고 있다.

생성형AI, 챗봇GPT 정보 활용

한국은 융합적사고로 4차 산업혁명 생성형 AI, 챗봇GPT 시대에 적응하고 있다. 누구도 상상하지 못한 정보시대는 미래를 예측할 수 없으나 AR, VR, MR, XR 이라는 상상을 현실로 만들고 있다.

　정보시대 인간은 인공지능보다 정보능력이 떨어진다.

　인공지능보다 정보를 많이 가진 인간은 없다. 따라서 인간의 경쟁력을 만들려면 생성형AI, 챗봇GPT와 공존해야 한다.

정보소유에서 정보공유시대

　한국은 품앗이 문화에 익숙하여 독점하던 정보시대에서 무엇을 누구와 공유하는가에 따라서 정보가치를 만들고 있다. 기본정보는 정보가 지니고 있는 가치이고 정보가 공유될 때 만들어지는 생성형 인공지능 정보는 지속적으로 증가한다. 어떻게 정보를 얼마나 공유하는가에 따라서 정보가치가 생성되는 시대다.

　공유정보는 지속적으로 생성되고 있다. 새로운 아이디어는 생성되는 공유정보로 만들어질 때 가치가 증가한다. 한 사람의 아이디어시대는 지났다. 다수의 아이디어, 생성형 정보로 만들어지는 아이디어가 경쟁력을 창출한다.

　생성형 인공지능시대 정보는 지속적으로 만들어지는 정보다. 정체되어 있지 않고 공유정보를 통해 다양한 정보가 융합되어 새로운 정보로 가공되어 새로운 환경에 필요한 아이디어로 창출된다. 공유하는 한국은 IT분야의 선도국가로 경쟁력을 창출하고 있다.

　다섯째는 제작이다.

　고조선시대 다뉴세문경의 디자인은 오늘날 디자이너들이 학습할 정도의 정교함과 아름다움을 가지고 있다. 고도의 기술이 발달하지 않았던 고조선시대에 어떻게 정교한 디자인을 그렸을까?

다뉴세문경의 디자인은 미스터리다.

어떤 방법으로 디자인을 했을까? 수많은 실패를 반복하면서 오랜 시간에 만들어졌을 것이라고 예측한다. 반복된 실패처럼 위대한 경험은 없다. 실패의 경험이 다양한 생각을 만들기 때문이다.

왜? 라는 수없는 질문은 실패를 통해 얻는 경험적 지식이다.

필자는 수많은 시행착오를 경험하면서 한국발명교육 프로그램을 개발했다. 주변의 교사들의 지적과 때로는 발명과 디자인은 다르다고 주장하는 교사들과 논쟁을 하면서 만들었다.

다뉴세문경도 수많은 사람들의 노력과 논쟁에 의하여 정교한 디자인을 만들었을 것이다. 기술과 장비, 도구가 없었던 시기에 고도의 기술과 장비를 가진 지금도 만들기 어려운 정교성은 한국인의 우수한 손기술과 창의성이다.

발명은 경험적 지식이 중요하다. 상상이나 이론만으로 발명품을 만들기는 어렵다. 고도의 기술이 없던 시기에 수많은 실패가 없었다면 다뉴세문경의 정교한 디자인을 새겨놓지 못했을 것이다.

다뉴세문경은 어느 한사람의 경험으로 만들어진 것이 아니라 많은 사람들의 경험에 의하여 오랜 시간 반복되어 발명되었을 것이다. 발명은 상상이 아니라 결과물을 만드는 아이디어다.

생성 아이디어
아이디어를 추출하던 시대에서 아이디어를 생성하는 시대다.

한국의 IT기술력은 생성형 AI 정보를 적용, 응용, 활용하는 환경을 조성했다. 생성형 AI는 단순한 정보제공에서 새로운 아이디어를 생성하고 창의적인 문제해결을 돕는 강력한 도구다.

정보의 가감승제변기법

한국IT기술은 생성형 정보를 어디에 어떻게 적용하고 응용하고 활용하는가의 방법을 경험과 정보를 바탕으로 더하고 빼고 곱하고 나누고 바꾸는 가감승제변기법으로 아이디어를 창출한다.

아이디어가치는 경험으로 정보를 창출시킨다.

단순한 정보는 자료이지만 경험을 바탕으로 만들어지는 정보는 아이디어다. 정보가 아이디어가 되는 것이 아니라 경험을 통한 정보가 아이디어가 된다.

필자가 심사한 아이디어 수만 건의 공통점은 경험과 체험에 의하여 제안된 아이디어가 가치를 만든다는 점이다. 단순한 발상은 아이디어로 가치를 만들기 어렵다. 단순한 발상을 기반으로 경험이나 체험에 의한 제안을 했을 때 비로소 아이디어가 된다.

발명은 아이디어를 실제품으로 만든다.

장영실은 수많은 실패를 통해 문제를 해결하며 물시계를 만들었다. 에디슨은 1999번의 실패를 통해 필라멘트를 만들었다. 플레밍의 페니실린은 실패에서 찾아 낸 발명품이다.

2부 K발명아이디어창출 가감승제변기법

누구나 발명할 수 있다.

2부는 5,000년동안 한국 전통 과학발명 아이디어는 어떻게 창출했으며 어떤 방법으로 발명을 했는지? 발명사례를 분석하여 발명방법을 제시한다.

신기전기 발명은 K9을 만들었고 비거(날틀)개발이 K21초음속 비행기를 만들었으며 거북선은 세계최고의 선박첨단 기술국가로 만든 한국의 경제기적, 과학발명기술의 비결을 분석한다.

발명은 모방에서 시작된다.
무엇을 어떻게 모방했는가에 따라 발명품 가치가 결정된다.

발명의 기본은 더하고 빼는 방법이고 융합적 발명은 곱하고 나누고 바꾸는 방법이다.

K발명아이디어는 어떻게 창출했을까?

K발명은 일부 중국문화 기술을 모방하거나 창조하여 한국형 기술, 문화를 만들었다. 한국발명아이디어는 필요성에 의하여 방법을 찾았다. 한국인의 창의성에 의하여 새로운 기술, 문화를 만들었다.

방법적 기술을 습득하는 비결은 모방이다. 첨단기술을 모방하여 K 방산산업은 더하고 빼고 곱하고 나누고 바꾸어 개발했다.

무엇을	어떻게	모방할 것인가?
필요성	방법	기능, 기술, 형태

가감승제변

방법→더하고 빼고 곱하고 나누고 바꾸기

모방

중국 청동기 문화를 받아들여 고조선은 다뉴세문경을 발명했고 조선시대 중국 혼천의를 기반으로 중국 혼천의 보다 뛰어난 한국형 혼천의, 자격루를 발명했다. 신기전기를 모방하여 K9자주포를 개발했다.

발명은 왜, 무엇을, 어떻게 만들 것인가?
더하고 빼고 곱하고 나누고 바꾸어 만든다.

한국발명은 5가지 발명기법으로 세계최고 기술을 창출했다.

K발명의 가감승제변기법

한국 발명은 어떻게 했을까? 기존에 존재하는 것들을 서로 결합하거나 분리하는 방법으로 더하고, 빼고, 곱하고, 나누고, 바꾸어 새로운 기능, 용도, 방법, 디자인 등을 발명했다.

무엇과 무엇을 더하고, 빼고, 곱하고, 나누고, 바꿀 것인가 ?

　가감승제변 도표의 다섯 가지 요소에서 두 가지 이상의 요소를 더하고, 빼고, 곱하고, 나누고, 바꾸는 방법으로 새로운 제품, 기능, 형태, 방법, 디자인으로 신물질, 신소재, 신기술, 신상품을 발명한다. 발명은 시간을 조절하는 인내와 끈기가 필요하다.

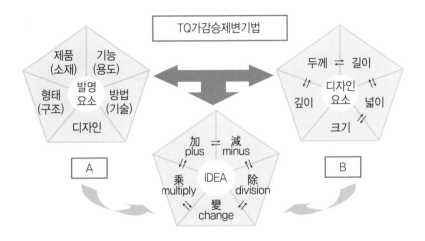

　다뉴세문경은 청동기 제품으로 거울의 기능을 원형으로 만들어 목에 거는 동경으로 디자인은 두께, 길이, 깊이, 넓이, 크기 등을 결정하고 13,000개의 선으로 장식했다.

한국전통 발명의 더하기 빼기기법 사례

다뉴세문경

자격루

직지심체요절

신기전기

　고조선시대 다뉴세문경, 조선시대 자격루, 직지심체요절, 신기전기 4가지 사례로 더하고 빼는 발명기법을 분석해 본다.

다뉴세문경 발명의 더하고 빼기기법사례

　고조선시대 다뉴세문경은 더하고 빼기 기법으로 만들어졌다. 청동기 추출기술은 광석을 작은 조각으로 부숴 높은 온도에서 광석을 녹여 불순물을 제거한 후 순수한 금속을 얻는 방법이 빼기 기법이었다. 강한 불은 솔방울을 불쏘시개로 사용했을 것이다.

　구리 성분이 포함된 광석을 불에 녹여 불순물을 제거하고 순수한 구

리를 얻는 간단한 제련 방식으로 불순물을 제거하는 방법이 빼기 기법
이고 녹인 구리와 주석을 적절한 비율로 섞어 청동기를 만든 것은 더
하기 기법으로 오늘날 철강산업에 영향을 주었다.

고조선 청동기 제작 과정에서 축적된 용융, 주조, 단련 등의 기술은
후대 철기 시대를 거쳐 현대 철강산업의 기초가 되었다. 고조선 시대
부터 이어져 온 철을 다루는 기술은 한국인의 DNA에 철강산업 기술
이 되었다.

한국용접기술은 반도체, 자동차, 조선, 플랜트 등 다양한 산업 분야
에서 뛰어난 용접기술로 고품질의 제품을 생산하고 있다.

필자는 삼성이나 현대중공업 용접기술자들을 강의하면서 용접기술
특허 취득을 강조했다. 용접과정에서 다수의 용접기술특허를 출원하
는 용접기술자들을 보면서 한국인의 놀라운 손재주의 잠재적 능력을
보았다. 용접봉을 자유롭게 다루고 정교한 용접기술에서 용접간격이
나 공기축소 등의 뛰어난 용접기술능력을 가진 잠재 능력에서 한국의
철강산업 발달 비결을 보았다.

용접기술은 더하고 빼는 기법의 대표적인 기술이다. 이를테면 용접
비드 조절로 두꺼운 판재를 용접할 때 더 많은 열을 가하기 위해 용접
전류를 높이거나 낮추는 감각적 기술이다.

물시계 자격루 발명의 더하고 빼기기법 사례

물시계는 큰 항아리에서 물이 일정한 속도로 흘러 들어가면 부표가
떠오르고 부표가 일정 높이에 오르면 구슬이 떨어져 레버를 작동시켜

자동시보 장치가 연결된 기계 장치들의 인형이 나타나 종, 북, 징을 친다. 이처럼 시간에 따라 다른 인형이 나와 다른 소리를 내도록 더하고 빼는 기법으로 설계했다.

큰 항아리에 물을 담은 것은 더하기 방법이고 일정한 속도로 일정한 물을 흘러 내리도록 만든 것은 빼기 방법이다. 흐르는 물이 일정량 고이면 구슬을 떨어지게 만든 것은 더하고 빼는 방법이다.

1+1에서 1을 빼면 1이 되고 1에 1을 더하고 다시 1을 빼면 1이 되는 것을 반복하면 일정한 시간을 측정하게 된다.

자격루는 더하고 빼는 방법을 반복하여 규칙적인 시간을 측정하게 만든 발명아이디어다. 규칙적인 자연현상을 관찰하여 만든 천체기기다.

자연은 일정한 흐름이 있다. 태양을 중심으로 365일, 하루 24시간의 흐름은 일정한 자연의 시간이다. 이를 관찰한 천문학 연구로 만든 것이 혼천의, 간의, 앙부일구, 현주일구, 천평일구, 정남일구 등의 다양한 해시계의 발명이다.

12시간을 주기적으로 나타나는 그림자가 시간을 알려주어 일정한 시간을 측정했다. 1+1−1=1 이라는 반복된 공식은 더하고 빼는 반복적 방법이다. 물을 채웠다가 빼고 다시 채우는 방식이다.

하루의 그림자가 지나고 나면 일정한 시간에 다시 그림자가 나타나는 방식도 같다. 이러한 천문학 연구는 우주공학의 기본이 되었고 미래항공 우주시대의 기반이다.

한국 속담에 달도 차면 기운다는 말이 있다. 시간의 흐름을 말한다. 인내와 끈기가 시간의 흐름을 측정하는 비결이다. 한국인의 인내와 끈기가 전통문화로 이어져 오고 있는 이유다.

직지심체요절 발명의 더하고 빼기기법사례

직지심체요절은 한 글자씩 목판이나 찰흙으로 주형을 만들어 주형에 녹인 금속 구리나 납을 부어 식히면 금속 활자가 된다. 금속활자 크기와 모양을 일정하게 다듬고 정리한 후에 글이나 그림에 맞춰 금속 활자를 하나씩 끼워 맞춘 활자판에 먹이나 잉크를 골고루 발라 종이를 찍어 만든다.

이는 한 글자씩 만들어 활자판에 끼어 넣는 더하기 방식으로 한페이지의 활자판을 만들어 먹이나 잉크로 찍어 내는 빼기 방식으로 인쇄를 한다. 이렇게 세계최초의 인쇄술을 발명했다.

오늘날 디지털 인쇄방식도 더하고 빼기 방식이다. 인쇄 파일(PDF, 이미지 등)에 내용을 한 글자, 한 문장씩 더하여 한 페이지를 만든다. 문서에 새로운 페이지를 추가하거나 이미지에 텍스트를 삽입하는 방식은 과거와 같은 더하고 빼는 기법이다.

인쇄는 빼기 방식이다. 인쇄 파일에서 내용을 삭제하거나 수정하는 방식이다. 문서에서 특정 페이지를 삭제하거나 이미지에서 불필요한 부분을 잘라내어 모니터 상에서 인쇄물을 사전에 확인하는 디지털인쇄는 활자를 목판이나 점토로 만드는 방식을 컴퓨터 프로그램으로 인쇄판을 바꾼 것이다. 따라서 인쇄 방법은 더하고 빼는 두 가지 방법으로 변함이 없다.

모바일을 통한 프린트 방식도 더하고 빼기 방식이다.

목판에서 금속으로 바꾸고 금속 활판에서 디지털 방식의 프린트로 출력하는 방식은 직지심체요절을 만든 더하고 빼는 방식과 같다. 이처럼 발명의 기본 방법은 과거나 현재, 미래에도 바뀌는 것은 없으며 방식만 바뀌는 것이다. 기술발달에 따라 찍어내는 인쇄방식에서 프린트로 출력하는 방식으로 바뀌었다.

신기전기 발명의 더하고 빼기기법 사례

세계 최초 다연발 로켓발사대 신기전기는 고려 말 최무선이 개발한 주화를 바탕으로 화약을 채운 발화통, 화살, 안정 날개 등으로 구성된 발화통의 화약이 연소하면서 발생하는 가스의 압력으로 화살이 발사되는 원리다. 발화통에 화약을 넣고 화살을 넣는 것은 더하기 방법이고 화약을 발사하는 것은 빼기 방법이다. 활로 화살을 날리는 방식에서 화약을 이용한 발화통을 개발하여 여러 개의 신기전을 더하여 한꺼번에 장착하여 일정한 각도로 조준해 발사할 수 있도록 설계한 신기전기가 K-9자주포 개발로 이어졌다.

신기전기는 K방산산업의 뿌리다.

신기전은 화약을 채운 약통과 날개 등으로 구성된 발사체로 화살에 화약을 달아 날리는 로켓화살이다. 신기전기는 다수의 신기전을 발사할 수 있도록 만든 다연발 발사대를 말한다. 따라서 신기전을 여러 개 더하여 큰 뭉치를 만들어 발사하는 것이 다연발로켓 발사체이다. 즉, 신기전을 더하기 방법으로 결합한 것으로 화차를 더하여 이동수단을 만든 것이 다연발로켓의 오늘날 K 방산기술의 원동력이 되었다.

화차를 이용하여 신속하게 이동하면서 적을 향해 정조준 하는 발사방식은 더하고 빼는 방식으로 화살을 지속적으로 발사하게 만들었다. 화살을 자동적으로 장착하는 방식이 K-9의 자동발사장치로 신기전기를 발명했던 다양한 방식을 현대화시킨 것이다.

제시한 4가지 전통발명사례를 보면 발명의 기본 방법은 변함이 없으나 시대변화에 따라 방식이 바뀌고 있으며 미래 발명도 같다.

4가지 사례를 기반으로 더하고 빼고 곱하고 나누고 바꾸어 만든 발명사례와 발명기법을 제시한다.

1. 더하기 기법 사례 및 방법

더하기기법의 개념

『 1 + 1 = ? 』

1+1은 무한대다. 발명은 정해진 공식과 답이 없다.

발명의 기본은 더하기 기법이다. 의 · 식 · 주 문제를 해결하기 위해 발명 5가지 요소를 서로 결합하여 새로운 제품(소재), 기능(용도), 형태(구조), 방법(기술), 디자인을 만든다.

더하기기법은 직접적인 경험과 간접적인 경험 등을 더하는 기법으로 제품:소재, 기능:용도, 형태:구조, 방법:기술, 디자인 등을 서로 유기적으로 연계하여 기존과 다르게 개발하는 발명기법이다.

다뉴세문경의 더하기 기법

청동기는 주석과 구리의 합금으로 만들었다. 청동 표면에 금이나 은을 입혀 색을 더하고 부식을 방지하는 도금 기법을 사용했고 거울 뒷면에 여러 개의 손잡이를 달아 휴대성을 높이고 장식적인 효과를 높였고 다양한 문양을 추가하여 더욱 복잡하고 아름다운 디자인을 하였다.

다뉴세문경은 거울 기능뿐만 아니라, 의식용 도구나 장신구로서 당시 사회적 지위나 신분을 나타내는 상징물이었다.

출토되는 다뉴세문경의 무늬가 다양한 것은 오랫동안 여러 사람에 의하여 만들어졌기 때문이다. 더하기 기법은 좀 더 편리하고 다기능적으로 만드는 방법으로 기존의 제품이나 기능, 형태, 기술 디자인 등을 결합하여 만든다.

더하기 발명기법

새로운 개발보다 기존 특성,기능을 가감승제변기법으로 결합,분리, 재구성하여 새로운 용도의 제품, 새로운 방법의 제품, 새로운 디자인의 상품을 만들어 내는 방법이다.

【다뉴세문경 더하기 결합】

- A결합 → 소재와 소재의 결합(구리+주석)
- B결합 → 기능과 용도의 결합(거울+신분)
- C결합 → 구조와 형태의 결합(고리+원형)
- D결합 → 사용방법과 기술의 결합(거울+추출)
- E결합 → 디자인 특성과 기법의 결합(디자인)

【더하기 발명 방식】

A, B, C, D, E 의 다섯 가지 요소 중에서 서로 유기적인 관계로 결합시켜 신소재, 신기술, 신물질을 개발했다. 초기 발명은 주로 더하기 기법에 의하여 청동기 문화, 기술을 이끌었다.

- 소재+기능, 구조, 방법, 디자인 결합
- 기능+소재, 구조, 방법, 디자인 결합
- 구조+소재, 기능, 방법, 디자인 결합
- 방법+소재, 기능, 구조, 디자인 결합
- 디자인+소재, 기능, 구조, 방법 결합

☞ 무엇과 무엇을 더하는가에 의하여 결과가 달라진다.

물과 불의 결합 발명사례
고조선 비파형 동검과 청동거울은 어떻게 만들었을까?
고조선시대는 어떻게 구리와 주석을 채취하고 디자인을 했을까?

광석을 불에 넣고 가열하는 제련기술과 불순물을 제거하고 순수한 금속을 분리하는 용해과정을 반복하여 순수한 구리와 주석을 채취하여 흙이나 돌로 주형을 만들어 주조하는 기술로 만들었다. 불의 온도를 높이기 위해 가죽부대 등으로 바람을 불어 넣었다.

불의 세기를 조절하는 기술은 더하고 빼는 기술이다. 수많은 실패 경험 속에 순수한 구리와 주석을 채취했을 것이다. 이러한 기술은 오늘날 철강산업과 조선산업의 근간이 되었다.

① 증기 기관의 발명
　물을 끓여 발생하는 증기 힘을 이용하여 기계를 작동시킨 증기기관은 산업혁명의 원동력이다. 물의 기화와 열에너지의 변환을 통해 인류는 기계를 통한 생산성을 높였다.
② 내연 기관의 발명
　액체 연료를 연소시켜 발생하는 열에너지로 기계를 작동시킨 동력은 자동차, 비행기 등의 운송 수단을 만들었다.
③ 화력 발전소 발명
　석탄, 석유, 천연가스 등의 화석연료를 연소시켜 발생한 열에너지로 물을 끓여 발생한 증기로 터빈을 돌려 전기를 생산한다.
④ 원자력 발전소 발명
　우라늄과 같은 핵물질의 핵분열 반응으로 발생한 열에너지를 이

용하여 물을 끓여 발생한 증기로 터빈을 돌려 전기를 생산한다. 이처럼, 서로 다른 것을 더하여(결합, 융합) 발명한다.

더하기 기법으로 만들어진 K 방산 발명 사례
【제품(소재), 기능(용도), 형태(구조), 방법(기술), 디자인】

기법유형	사 례	그 림
제품+소재	거중기=도르래+줄 경량소총=총+강화플라스틱	
제품+기능	온돌=돌+불 방탄장갑 =장갑+방탄기능	
제품+형태	야전잠바=점버+털(쟈크) 쌍소켓=소켓+소켓	
제품+방법	상륙장갑차=배+탱크 야간망원경=망원경+열 감지	
제품+디자인	비거(날틀)=대나무+헝겊 드론=드론+3D프린트	
기능+기능	K9자주포=곡사포+자주포 일성정시의=해시계+별시계	
형태+구조	자격루=여러개 물통+기계장치	
방법+방법	신기전기=화차+신기전	

더하기(+) 기법은 기존의 제품과 제품을, 소재와 소재를, 기능과 기능을, 형태와 형태를, 방법(기술)과 방법(기술)을, 디자인과 디자인을 결합하는 방법이다.

K9자주포는 곡사포와 주포를 결합한 강력한 무기다. 전차에 비해 장갑이 상대적으로 약하여 직접적인 공격에 취약하여 기능+기능에 형태와 구조를 결합 형태로 개발되었다.

신기전과 화차를 결합하여 다연발로켓 신기전기를 만들었다. 성능도 2단, 3단 로켓으로 분리되어 발사하는 기능도 만들었다.

신기전기의 방법을 발전시켜 K9자주포를 만들었듯이 발명은 기존의 발명품에 기능이나 형태, 구조, 방법 등을 결합하거나 바꾸어 첨단 소재나 제품의 특수기능성을 개발한다. 발명조건과 발명요소로 결합하여 다양한 제품을 만들어 내는 발명이다. 발명기법으로 가장 많이 쉽게 응용하고 활용하는 기법이다.

2. 빼기 기법 사례 및 방법

빼기 기법의 개념

『1 - 1 = ?』기존의 제품, 기능, 형태, 방법, 디자인에서 필요 없는 것을 빼내어 간편하면서도 기능적으로 사용할 수 있도록 만드는 방법이다. 복잡한 문제를 해결하기 위해 복잡해진 요소, 문제에서 가장 중요한 부분을 또는 필요하지 않는 부분을 빼내어 새롭게 문제를 생각하는 기법이다.

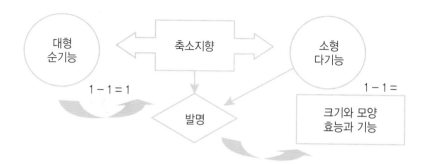

대형
순기능

축소지향

소형
다기능

1 − 1 = 1

발명

1 − 1 =

크기와 모양
효능과 기능

다뉴세문경의 빼기 기법은 어떻게 적용했을까?

제작과정에서 불순물을 제거하거나 거울 뒷면에 문양을 새길 때, 망치나 끌과 같은 도구를 이용하여 청동을 깎아내는 음각 기법과 주변 부분을 깎아내어 문양 부분을 부각시키는 양각 기법을 사용했을 것이다. 문양 사이의 여백을 통해 문양 자체를 더욱 부각시키는 빼기의 효과를 활용했다.

또한, 거울의 기능에 필요한 부분 외에 불필요한 부분을 제거하여 디자인을 간결하게 만들었고 거울의 무게를 줄이기 위해 불필요한 부분을 빼내어 휴대성을 높였다. 빼기 기법은 문양의 정교함, 시각적 효과, 기능성을 높이는 역할을 했다.

빼기기법의 특징

① 간편화 → 필요 없는 것을 간편하게 만든다.

② 신속화 → 사용시간을 단축시켜 신속하게 사용한다.

③ 축소화 → 불편한 기능을 축소하여 편리하게 사용한다.

빼기기법의 방법

① 장해 요인을 빼라.

② 불필요한 것을 빼라.

③ 가장 필요 없는 것을 빼라.

④ 가장 중요한 것을 빼라.

⑤ 적합하지 않는 것은 모두 빼라.

〈한국타이어〉

한국타이어는 튜브 없는 타이어를 개발한 기법이 빼기 기법이다. 타이어로 발생하는 펑크 문제점을 해결했다.

공간 빼기기법

공간은 공기, 부피, 면적, 크기, 소재 및 부품으로 구성된다.

① 공기 축소

② 부피 축소

③ 면적 축소

④ 크기 축소

⑤ 부품 축소

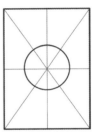

전 세계 수많은 연 중에서 구멍이 뚫린 세계유일의 방패연은 구멍을 통해 바람의 흐름과 저항, 연의 방향을 조절하는 과학적 원리를 적용한 연이다. 이는 한국인의 창의성을 나타내는 빼기기법의 대표적인 발명사례다.

빼기 기법으로 만들어진 발명 사례

【제품(소재), 기능(용도), 형태(구조), 방법(기술), 디자인】

기법유형	사 례	그 림
제품–소재 기법	천평일구 = 앙부일구 – 크기축소 (휴대용)　　(고정용)	
제품–기능 기법	노타이어 = 튜브타이어 – 튜브	
제품–구조 기법	과학적 방패연 = 연 – 구멍	
제품–방법 기법	K푸드 김밥 = 밥그릇 – 그릇	
제품–디자인 기법	거북선 = 판옥선 – 갑판	
기능–기능 기법	측우기 = 원통 – 눈금측정	
형태–구조 기법	거북선 = 판옥선 – 갑판	
방법–방법 기법	간의 = 혼천의 – 부품 간소화	
디자인– 기법	현주일구 = 앙부일구 기둥 – 추로 변형	

빼기기법은 형태나 크기, 기능 등을 축소하거나 빼내어 만드는 방법으로 노튜브 타이어 등이 세계적 평가를 받고 있다.

거북선이 판옥선의 갑판을 뚜껑으로 덮고 가죽과 철판에 못을 박아 공격선으로 발명한 것이나 밥그릇 없이 어디서나 먹기 편한 김으로 만든 김밥도 빼기 기법의 사례다.

빼기기법은 생각을 새롭게 만드는 방법이다.

존재하는 것에서 존재하지 않는 것을 찾아내는 방법으로 생각을 전환시키는 방법으로 오래전부터 사용되어 왔다. 이를테면 해시계는 하루일정과 사계절변화를 예측하거나 정리하는 수단이었다.

고려부터 해시계에 대해 많은 연구가 진행되면서 조선시대는 형태나 구조, 기능을 빼내어 앙부일구, 현주일구, 천평일구, 정남일구 등이 발명되었고 간의를 비롯한 자격루 등이 발명되었다. 현주일구는 앙부일구를 축소하여 지니고 다니기 쉽게 만들었다.

3. 곱하기 기법 사례 및 방법

곱하기 기법의 개념

더하기 기법은 하나의 소재와 소재, 기능과 기능, 기술과 기술, 방법과 방법, 디자인과 디자인 등을 결합하는 방법이지만 곱하기 기법은 같거나 서로 다른 조건을 결합하거나 융복합하여 전혀 다른 새로운 소재, 새로운 기능, 새로운 기술, 새로운 방법, 새로운 디자인을 만들어내는 기법이다.

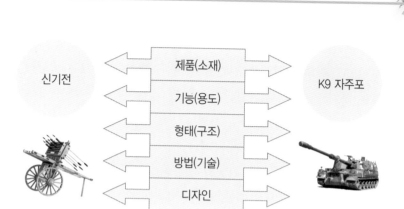

신기전 | 제품(소재) | K9 자주포
기능(용도)
형태(구조)
방법(기술)
디자인

　한국발명품은 융합에 의한 곱하기 기법으로 완성했다.

　다뉴세문경은 주조, 조각, 기하학, 예술, 기능, 문화적 의미 등 다양한 요소가 결합되어 가치를 창출했다.

　고려청자는 도예 기술과 화학 기술의 융합이다. 흙의 성분, 불의 온도, 가마의 구조 등 다양한 요소를 정교하게 조절하여 아름다운 푸른 빛을 내는 유약을 개발했으며 미학과 기능성이 융합되어 실용적인 그릇의 섬세한 문양과 우아한 형태의 예술적인 가치를 창출했다.

　신기전기는 기계 기술과 화약 기술의 융합으로 화약의 폭발력을 이용하여 화살을 발사했다. 기계적인 장치와 화약이라는 폭발물을 결합하여 다연발로켓으로 개발했다.

　거북선은 조선 기술과 군사 기술의 융합으로 개발했다. 거북의 등껍질 모양을 본떠 개발했다. 방어와 공격의 융합 방법으로 거북 등껍질 모양의 덮개로 적의 화살을 막는 동시에 덮개 아래에 설치된 화포를 통해 강력한 공격을 하도록 개발했다.

　자격루는 기계 기술과 천문학의 융합으로 개발했다. 물의 흐름을 이용하여 시간을 자동으로 알려주도록 물의 흐름을 정확하게 계산하여 기계적인 장치와 연결시켜 시간을 측정한 융합방식으로 개발했다. 자격루는 과학 기술과 사회생활의 융합으로 단순한 시간 측정 기구에서 사회의 시간 개념을 정립하고 생활 리듬을 조절하는 역할도 했다. 과학 기술이 사회생활과 연결된 사례다.

혼천의는 천문학과 기계 기술의 융합이다. 하늘의 별자리를 관측하고 시간을 측정하는 천문 관측기구로 하늘의 운동을 기계적인 장치로 구현하여 천체의 위치를 정확하게 파악했다. 우주에 대한 호기심과 기술을 결합시켜 우주에 대한 궁금증을 연구했다.

곱하기 기법의 특징
① 다기능화 → 모든 기능을 포함한다.
② 다용도화 → 모든 용도로 활용된다.
③ 다형태화 → 다양한 디자인으로 표현한다.

곱하기 기법의 방법
① 모든 소재를 결합하라.
② 모든 기능을 연결시켜라.
③ 모든 구조를 단일화시켜라.
④ 모든 기술을 통합시켜라.
⑤ 모든 디자인을 결합시켜라.

곱하기 기법의 활용
1단계 곱하기
① 제품(소재) 곱하기

② 기능(용도) 곱하기

③ 형태(구조) 곱하기

④ 방법(기술) 곱하기

⑤ 디자인(색, 형) 곱하기

2단계 곱하기

① 제품(소재)와 기능(용도) 곱하기

② 기능(용도)와 형태(구조) 곱하기

③ 형태(구조)와 방법(기술) 곱하기

④ 방법(기술)과 기능(용도) 곱하기

⑤ 디자인과 기능(용도) 곱하기

3단계 곱하기

① 제품(소재)와 기능(용도), 형태(구조) 곱하기

② 기능(용도)와 형태(구조), 방법(기술) 곱하기

③ 형태(구조)와 방법(기술), 디자인 곱하기

④ 방법(기술)과 제품(소재), 디자인 곱하기

⑤ 디자인과 소재, 기능, 형태 곱하기

곱하기 기법의 사례

기존의 형태나 기능 등을 더하고 **빼는** 방법으로는 새로운 형태나 기능을 만드는데 한계점이 있다. 새로운 형태는 기존 형태나 기능을 변화시키는 개념을 초월할 때 창출된다. 따라서 형태나 기능을 융복합시킨 다양성, 다기능성을 만드는 방법이다.

곱하기 기법으로 만들어진 발명 사례

【제품(소재), 기능(용도), 형태(구조), 방법(기술), 디자인】

기법유형	사 례	그 림
제품×소재 기법	비빔밥 = 밥 × 야채 × 고기 전주비빔밥, 소고기비빔밥	
제품×기능 기법	거북선 = 판옥선 × 못 × 철판 방수군화 = 군화 × 방수 × 보온	
제품×형태 기법	한지 = 닥나무 × 풀기 × 뜨기 × 건조	
제품×방법 기법	금속활자 = 밀납주조법 × 주형주조법	
제품× 디자인 기법	다뉴세문경 = 거울 × 디자인 대나무 베개 = 대나무 × 베개 × 공예	
기능×기능 기법	자격루 = 물 × 구슬 × 인형 × 종	

4. 나누기 기법 사례 및 방법

나누기 기법의 개념

K반도체산업, K방산산업, K철강산업, K조선산업, K항공산업, K의약, K푸드, K문화 등은 나누기 기법의 나노기술로 경쟁력을 창출하고 있다. 나노기술은 신물질이나 소재개발, 신약개발을 비롯하여 공간기술의 신기술개발로 K산업을 주도하고 있다. 나누기 기법은 나누고 쪼갤 수 있을 때까지 세분화시키는 첨단기술이다.

첨단기술의 나누기 기법

- 새로운 소재 → 신소재, 신 물질
- 새로운 기술 → 제조 신기술, 생산기술, 신공법, 신기능
- 새로운 형태 → 새로운 구조, 모양, 색상 배열(나노 기술)

K반도체 나누기 기법 (나노기술의 비법)

① 소재의 분자를 쪼갤 수 있을 때까지 쪼개라.

② 기능을 세분화 할 수 있을 때까지 세분화 하라.

③ 형태를 나눌 수 있을 때까지 나누어라.

④ 방법을 세분화 시켜라.

⑤ 디자인 요소(공간, 크기)을 세분화 시켜라.

다뉴세문경의 나누기 기법

다뉴세문경은 다양한 디자인으로 나눈 것이고 신기전기는 신기전 구조를 기능적으로 나눈 것이다. 반도체는 구조와 기능을 세밀하게 나눈 것으로 구조를 나누어 효율성과 생산성을 높였다.

자격루는 구조를 분리함으로 물의 흐름에 따라 시간의 흐름을 측정하는 방법을 찾았으며 거북선은 선상의 갑판과 노 젓는 선실 공간을 나누어 공격수단으로 바꾸었다. 이처럼 나누기는 디자인 기법으로 사용되고 기능을 극대화시키는 공간기술로 사용되어 왔으며 지속적으로 사용되고 있다.

나눈다는 의미는 『쪼갠다』 『분리한다』라는 구분 방법으로 이것을 다시 『결합』하여 공간적 나눔과 시간적 나눔으로 구분되어 기능, 디자인의 효율성을 극대화시키는 방법이다.

공간적 나눔	보이는 공간적 개념으로 형태, 구조, 조직, 디자인(색상, 형태) 체험 및 경험적 요소
시간적 나눔	보이지 않는 시간적 개념으로 기능, 기술, 방법, 감각, 센서, 감성 및 감각적 요소

반도체 기술은 나누기 기법과 곱하기 기법에 의해 신기술, 첨단기술로 개발되고 있다. 나누기 기법은 나노기술에 의한 방산 무기와 반도체가 결합하여 최첨단 방산기술로 개발되고 있다. 이처럼 나누기 기법에 의한 나노기술은 미래 첨단기술의 뿌리다.

나노기술과 첨단기술 관계

나노기술을 통해 소재의 크기를 줄이고 성능을 향상시켜 더 작고 강력한 컴퓨터 칩, 배터리, 디스플레이 등을 개발하고 있다.

나노기술을 이용하여 기존에는 없던 새로운 특성을 가진 소재를 개발하고 있다. 강도가 높고 가벼운 나노 소재는 항공우주, 자동차 산업 등에 혁신적 소재로 쓰이고 있다.

나노기술은 원자 수준에서 물질을 정밀하게 제어하기 때문에 신약 개발, 의약품, 바이오센서 등으로 질병 진단 및 치료에 새로운 가능성을 보여주고 있다. 이처럼 나누는 방법이 자바라원리다.

나누기 자바라 원리

자바라원리는 모양과 방법을 바꾸는 기법으로 가장 많이 활용되고 응용되는 원리로 나누기 기법에서 형태를 쪼개어 크기를 최소화시켜 기능을 바꾸는 공간나누기 방법이다.

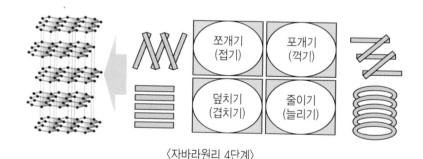

〈자바라원리 4단계〉

자바라원리는 공간을 최대한 활용하고 부피를 줄이고 무게를 분리시켜 충격을 완화시키며 소재를 다양화시켜 두껍고 무거운 소재를 얇고 가벼우면서 단단한 소재로 바꾸는 방법으로 반도체 구조를 만든다. 한국 반도체 첨단기술은 다뉴세문경의 디자인 발명에서 비롯된 전통적인 디자인 감각에서 창출되는 것이다. 반도체는 공간을 쪼개고 포개고 덮고 줄여서 만든다.

나누기 기법으로 만들어진 발명 사례
【제품(소재), 기능(용도), 형태(구조), 방법(기술), 디자인】

기법유형	사 례	그 림
소재÷소재 기법	고려청자=흙÷유약÷장석÷규석	
소재÷기능 기법	돌도끼=돌÷쪼개기	
소재÷구조 기법	베틀=기둥÷잉아÷바디÷실÷북	
소재÷방법 기법	KF21=탄소섬유÷티타늄÷전자기 비거(날틀)=대나무÷한지	
소재÷ 디자인 기법	짚신=벼짚÷벼짚÷구조	

5. 바꾸기 기법 사례 및 방법

바꾸기 기법의 개념

기존에 존재하는 것을 새롭게 만드는 방법으로 더하고, 빼고, 곱하고, 나누었던 것의 가치를 더욱 효과적으로 다양화시키는 방법이 바꾸기 기법이다. 편리성과 기능성을 위하여 재료, 용도, 형태, 방법, 디자인을 바꾸고 기존방식을 바꾸거나, 다른 상품과 조건을 이용하거나, 폐품을 재활용하거나, 뒤집고 바꾸어 다기능, 다양화를 통한 새로운 조건과 환경을 만드는 발명기법이다.

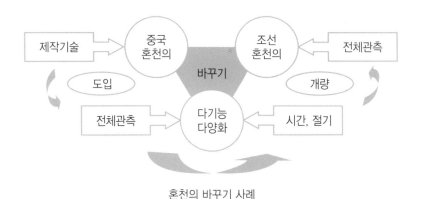

혼천의 바꾸기 사례

혼천의는 고대 중국인들이 천체관측을 위해 만들어 전래되어 주변 국가에 알려졌으나 조선은 이를 천체 관측뿐만 아니라 시간 측정, 절기 계산 등 다양한 기능으로 연구하여 조선의 혼천의로 개발했다. 단순한 천체관측에서 관측 정보를 농업에 이용하였고 생활에 적용함으로 중국의 혼천의를 바꾸어 보다 더 정확한 천체 관측이 가능하도록 개량했다.

조선의 혼천의는 세종대왕 시대의 장영실 등이 참여하여 혼천의의 구조를 개선하고 더욱 정밀한 관측 기기를 개발하여 천문학 연구를 발전시켰다.

혼천의 바꾸기 기법의 특징

중국 혼천의를 더하고 빼고 곱하고 나누어도 문제가 해결되지 않을 때, 재료, 기능, 형태, 방법, 디자인을 새로운 소재, 기능, 구조, 방법, 디자인으로 바꾸어 새롭게 만들었다.

① 조건 없이 바꾼다 → 전통, 규제를 깨고 바꾼다.
② 새로운 틀로 바꾼다 → 새로운 환경으로 바꾼다.
③ 필요한 대로 바꾼다 → 신소재, 신기술로 바꾼다.

바꾸기 기법의 필요성

개선과 개발은 적극적이고 긍정적인 사고방식으로 문제를 해결하는 방식으로 바꾸기 기법은 더 편리하고 다기능적이고 생산적으로 새롭게 만들어 내기 위해 재료, 기능, 형태, 방법, 디자인 등을 조건 없이 새롭게 만드는 방법이다.

신기전을 K9으로 바꾸어 경쟁력을 창출했다.
기존의 방법, 기능으로는 경쟁력 창출에 한계가 있을 때 재료, 기능, 형태, 방법, 디자인을 바꿔야 신소재, 신기능, 신 구조, 신기술, 새로운 디자인으로 경쟁력을 창출할 수 있다.

발명기법을 바꿔야 한다.

더하기기법, **빼기기법**, 곱하기기법, 나누기기법으로 해결되지 않는 것은 기존의 기법을 조건 없이 바꿔야 한다. 조건이나 구제 등의 틀을 깨고 새롭게 만들거나 조건이나 규제를 바꾸는 기법이다. 재료, 용도, 형태, 방법, 디자인 등을 조건 없이 바꾸어 신소재, 신기술, 첨단기술의 K방산을 만든다.

바꾸기기법 유형법
① 재료, 소재 바꾸기
② 용도, 기능 바꾸기
③ 형태, 구조 바꾸기
④ 방법, 기술 바꾸기
⑤ 디자인의 형태와 색상 바꾸기

바꿔야 하는 이유
첫째 사용적이유 → 불편한 것을 편하고 간단하게
둘째 기능적이유 → 한가지로 다양하게 사용하기 위해
셋째 방법적이유 → 생산성을 효율성을 높이기 위해
넷째 수익적이유 → 상품의 이익을 높이기 위해
다섯째 공간적이유 → 생산, 작업, 사용공간 및 위치적 변화
여섯째 시간적이유 → 단시간 또는 장시간 사용하기 위해

바꾸기 기법의 활용

바꾸기 기법의 5가지 방법
방법1) 재료 및 소재를 바꾸면 단단하고 무거운 재료를 가볍고 부드러

운 소재로 바꾸어 좀 더 편리하고 가볍게 만드는 방법이다.

방법2) 용도 및 기능을 바꾸어 다용도 맥가이버 칼과 같이 하나의 상품을 다양하게 사용하도록 만드는 것으로 때로는 복잡하게 때로는 단순하게 기능을 확대하거나 축소시켜 사용자의 입장에서 개발하는 방법이다.

방법3) 형태 및 구조를 바꾸어 공간을 확대 축소시키거나 공간 구조물의 크기나 무게, 부피 등의 효율성을 높인다. 나노기술과 같이 구조를 분석하여 새로운 구조로 재구성하는 방법으로 품질관리의 효율성을 높이기 위해 검사방법, 생산방법 및 시스템을 개조하거나 변경하는 방법이다.

방법4) 방법이나 기술을 바꾸는 것은 사용방법이나 생산 및 조립기술을 바꾸는 것으로 복잡한 기능은 오히려 불편할 수 있기 때문에 사용하기 편리하도록 반드시 필요한 기능만을 사용하게 만들거나 하나의 작동으로 두 개 이상의 기능이 나타나게 만드는 방법이며 컴퓨터의 조립방법을 누구나 조립하기 쉽고 분야별로 조립화하여 누구나 쉽고 원하는 형태로 만들어 사용하게 만드는 방법, 또는 생산라인을 수정하거나 교체하여 불량품을 방지하거나 예방하여 생산의 효율성을 높이는 방법이다.

방법5) 디자인을 바꾸는 것은 소비자의 선호도에 따라 바꾸기도 한다. 삐삐의 다양한 모양과 색상을 바꾸거나 아이리버가 기존의 사각형 MP3를 삼각형으로 바꾸어 새로운 고객층을 확보한 방법이다.

인류에게 그릇은 생활필수품이었다. 그릇의 재료는 시대에 따라 바뀌었고 사용 용도와 기능도 다양하게 바뀌었다. 이처럼 인류는 더하고 빼고 곱하고 나누고 바꾸는 방법으로 생활용품, 기구, 도구를 개발해

왔으며 지금도 지속적으로 바뀌고 있다.

방산산업 소재와 기술이 발달하는 것은 바꾸기 기법이다.

원리를 이용한 K발명

자격루를 비롯한 조선시대 많은 발명품은 원리를 이용하였다.

정약용의 거중기는 도르래 원리를 이용하여 만들었다.

① 도르래원리

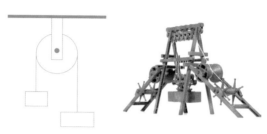

도르래를 이용하면 작은 힘으로 무거운 것을 들거나 움직이거나 당기기 쉽다. 기구를 이용하여 힘을 형태로 바꿔 다양한 기구를 만드는 발명기법이다. 거중기는 도르래 원리로 발명되었다.

② 지렛대원리

농기구는 많은 힘이 필요하다. 힘은 분배의 원리로 적은 힘으로 큰 힘을 이용한다. 거중기는 도르래 원리를 이용하였지만 호미,괭이, 낫, 지게 등의 농기구는 지렛대원리다.

작은 힘을 큰 힘으로 바꾸기도 하고, 작은 이동거리를 큰 이동거리로 바꿀 때 쓰인다. 큰 물체 등의 무거운 것을 움직이는데 이용되며 가위 · 대저울 · 도르래 등 일상적으로 사용하는 도구에 응용되고 있으며 지렛대원리는 원심력과 함께 사용되기도 한다.

도르래, 지렛대 등의 원리를 이용한 발명

인류는 도르래와 지렛대의 원리를 다양한 도구와 기계에 응용하여 생산성을 높이고 작업 효율성을 향상시켰다. 과학원리는 발명기법으로 응용되고 활용되어 왔으며 한국 전통 발명품도 이러한 과학 원리를 이용하여 다양한 발명을 했다.

지렛대의 원리는 힘을 가하는 점(힘점), 받침점, 그리고 힘이 작용하는 점(작용점)의 위치에 따라 힘의 크기와 방향을 바꿀 수 있는 원리를 말한다.

도르래의 원리는 무거운 물체를 들어 올리거나 힘의 방향을 바꾸는 원리로 물두레박, 거중기 등이며 기어의 원리는 두 가지 원리가 연결되어 서로 맞물려 돌아가는 톱니바퀴를 이용하여 회전 속도나 힘을 변화시킨 시계나 자동차 변속기 등이다.

옛 부터 농사기구로 사용했던 물푸기, 용두레 등은 지렛대원리를 이용한 기구였으며 성이나 집을 지을 때는 도르래원리와 지렛대원리를 이용하였다.

조선시대 정약용이 고안한 거중기는 수원 화성 축조 시 대규모 석재를 옮기는 데 사용되었다. 여러 개의 도르래를 결합하여 작은 힘으로 무거운 돌을 들어 올릴 수 있도록 설계한 발명품이다.

지게는 농촌에서 짐을 운반하는데 사용된 지렛대의 원리를 이용한 대표적인 도구다. 밭을 갈거나 잡초를 제거하는데 사용되는 호미 역시 지렛대의 원리가 적용된 도구다.

물레는 도르래의 원리를 이용하여 실을 감아 올리거나 풀어내는 기능이고 옷감을 짜는 베틀 역시 지렛대의 원리를 이용하여 실을 팽팽하게 유지하고 옷감을 만드는 발명품이다.

바꾸기기법의 활용사례

바꾸기 기법의 활용사례는 다양하다. 더하고 빼고 곱하고 나누고 바꾸는 요소 중에서 유기적인 관계가 있는 것끼리 바꾸기도 하지만 새로운 재료, 용도, 형태, 기능, 방법을 만들기 위해서는 전혀 다른 것과 대체시키는 방법으로 아이디어를 창출하면 쉽고 간단하게 문제를 해결한다.

A형 → 재료를 바꾸는 방법은 무엇일까? 〈새로운 재료〉
B형 → 어떻게 하면 용도가 달라질까? 〈새로운 용도와 가치〉
C형 → 모양을 거꾸로 하면 어떻게 되나? 〈새로운 모양〉
D형 → 다른 기능으로 사용할 수는 없을까? 〈새로운 기능〉
E형 → 구조를 바꾸면 어떻게 될까? 〈새로운 상품〉

신기전기는 K9자주포로 무엇이 바뀌었나?

신기전기는 사람과 화약 폭발력을 이용했지만 K9자주포는 강력한 엔진으로 바뀌었고 바람과 풍향에 의존했던 정확도가 첨단 컴퓨터와 센서로 바뀌었고 목재, 금속, 화약의 재료에서 강도 높은 합금 등의 첨단소재로 바뀌었다.

K INVENTION HISTORY

3장

PBL STEAM MAKER 발명교육 방법과 사례

『누구나 발명할 수 있으나 누구나 발명가가 되지 않는다』
발명하는 교육방법이 발명가를 만든다.

오늘날 경제대국, K반도체를 비롯한 K방산산업, K제철산업, K조
선산업, K우주산업, K푸드, K POP을 비롯한 문화 등의 첨단기술국
가로 부상한 한국발명의 가감승제변 기법을 분석한다.

인류최초 발명은 더하고 **빼는** 기법에 의해 도구, 기구 등을 발명하
였으나 산업발달에 따른 발명은 더하고 **빼고** 곱하고 나누고 바꾸는 5
가지 발명기법을 사용했다. 따라서 단계적이고 체계적인 발명교육방
법이 필요하다.

3장은 5,000년 동안 더하고 **빼고** 곱하고 나누고 바꾸면서 시대변화
에 따라 발명했던 기법을 3단계 PBL STEAM MAKER 교육과정으로
간단하면서 구체적으로 생성형AI, 챗봇GPT를 활용하는 발명교육 방
법을 제시한다.

인류최초의 발명기법- 더하고 빼기

발명의 기본은 더하고 **빼는** 방법이었다.
무엇과 무엇을 더하고 무엇을 어떻게 **뺄** 것인가?

낫은 어떤 모양으로 발명했을까?
낫은 동서양에서 곡식을 수확할 때 사용한 도구이었다.

낫은 곡식을 자르는 날카로운 쇠와 손잡이 나무가 결합된 발명품이다. 쇠와 나무를 더하여 만들 때 여러 가지 실험과 사용하면서 불편했던 요소와 좀 더 쉽게 자르기 위한 형태로 변형하여 점진적으로 개발되었다. 동양의 낫은 일반적으로 곡물 수확에 특화되어 낫날이 얇고 길며 곡선 형태이고 이집트 낫은 날의 모양이 더 넓고 짧으며 일부는 톱니 모양으로 날을 빼내어 만들었다.

동양의 낫	이집트의 낫
벼 자르기 적합	밀 자르기 적합

더하기 기법 : 쇠와 나무를 결합하여 손잡이 길이는 곡식을 잡고 자르기 편리하게 쇠의 넓이와 길이를 결정했다.

빼기 기법 : 동양의 낫은 곡선 형태로 곡물 수확이나 풀베기에 주로 사용하였고 이집트 낫은 곡선 형태이거나 톱니 모양으로 곡물뿐만 아니라 다양한 식물 등을 자르는데 사용했다.

돌도끼를 만든 더하고 빼기 방법

주변에서 손으로 잡기 편한 돌을 주어서 사용했던 주먹도끼에서 스스로 필요한 모양을 만들어 사용했던 돌도끼는 인류 최초의 발명이다. 최초의 돌도끼는 어떻게 만들었을까?

날카로운 부분을 더 날카롭게 만들기 위해 다른 돌을 쳐서 쪼개어 만들었을 것이다. 잡기 좋은 부분은 남기거나 두툼하게 만들고 앞부분은 날카롭게 쪼개어 만드는 방법이 더하고 빼기 방법이다.

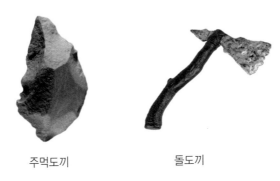

주먹도끼   돌도끼

주먹도끼를 사용하면서 좀 더 강하고 기능적인 도끼를 만든 것이 돌도끼다. 날카로운 돌을 나무에 묶거나 끼워서 동물을 잡거나 땅을 파거나 나무 등을 다듬는데 사용했다.

이처럼 발명은 과정을 통해서 발달한다. 사용하기 편리한 돌을 고르는 적극적인 행동에서 좀 더 날카로운 돌을 만들기 위해 돌을 다듬었고 다듬은 돌을 나뭇가지에 달아서 사용했듯이 무엇과 무엇을 더하고 빼는 방법에서 발명은 발전했다.

1. PBL STEAM MAKER 발명교육

PBL STEAM MAKER 교육으로 가감승제변 5가지 기법을 활용하여 발명아이디어를 창출한다.

1단계 PBL : 어떤 발명을 어떻게 할 것인가?

주제선택	어떤 발명을 할 것인가?
시나리오작성	어떻게 발명을 할 것인가? 가상 시나리오

발명은 새로운 것을 만들거나 불편함을 개선하거나 새로운 기능을 만드는 것으로 편리성, 기능성, 생산성의 3가지를 충족시키는 아이디어다.

주제선택은 이러한 요소를 바탕으로 어떤 발명을 할 것인가?

간결하고 뚜렷한 명칭이 중요하다. 명칭이 길면 정확한 메시지 전달이 어렵고 시나리오도 복잡해진다.

명칭에 따라서 어떻게 만들 것인가? 만드는 방법을 기획하고
왜, 만들려고 하는가?

목적에 따라서 어떻게 만들 것인가, 구체적인 방법을 기획한다.

발명시나리오는 어떻게 편리하게 만들고 어떤 기능을 어떤 방법으로 만들 것이며 어떻게 생산할 것인가를 단계별로 구체화 시키는 기획이다. 따라서 시나리오는 만드는 과정에서 수없이 수정하고 보완한다. 1단계 시나리오는 새롭게 만들어지는 경우가 많다. 처음에 생각한 것을 바꾸거나 새로운 생각으로 시나리오를 새롭게 만들기도 한다. 따라서 가상의 시나리오는 희망사항을 제시한다.

이런 것을 이렇게 만들면 이런 가치를 창출할 수 있다는 발명가의

희망 시나리오다.

2단계에서 구체적인 시나리오를 5가지 STEAM 요소로 만든다.

2단계 STEAM : 구체적인 발명기획(시나리오) 작성

발명요소	구체적 발명요소	정보수집분석
Science	과학적 요소(원리, 방법적용)	생성형AI 챗봇GPT 활용
Technology	기술적 요소(기술적 제시)	
Engineering	공학적 요소(세부적 설계)	
Art	독창적 요소(IDEA차별성)	팀 수집분석 팀 토론
Mathematics	수학적 요소(세부적 분석)	

STEAM 5가지 요소는 구체적인 시나리오 작성방법이다.

① 과학적인 요소 제시다. 어떤 원리를 적용하거나 응용, 활용하여 어떻게 만들 것인가? 왜, 이런 방법이 필요한가를 제시함으로 실질적 제작 방법과 목적을 제시한다.

② 어떻게 편리성을 만들것인가? 기술적 방법의 제시다. 새로운 기능을 만든다면 어떻게 만들것인가? 기술적 제작방법의 제시다.

③ 공학적 설계다. 발명은 도면작성에서 시작된다. 스케치 도면에서 시작하여 구체적인 세부도면으로 구체화시킨다. 도면이 세부적이고 구체화 될수록 발명품의 완성도가 높다.

④ 차별화된 독창적 아이디어 제시다. 무엇이 어떻게 다르고 어떤 편리성, 기능성이 있는가에 대한 차별화를 제시한다. 차별성이 클수록 발명품의 가치도 크다.

⑤ 수치적 제시다. 세부적인 수치에 의한 도면과 구체적인 방법에 대한 수치 제시다. 수치에 의한 편리성, 기능성, 생산성을 제시

할 때 발명의 가치와 효과도 높게 평가받는다.

2단계 시나리오를 작성할 때 생성형 AI, 챗봇GPT 정보를 수집분석하여 구체적이고 정확한 시나리오를 작성한다.

3단계 MAKER : 발명품 제작 (가감승제변 기법 활용)
2단계 구체적 시나리오에 의한 제작과정

도면작성	부분 도면, 전체 도면
제작	제작 방법, 시제품 제작 및 실험
완성	시제품 완성

발명은 제작으로 완성된다. 레오나르도 다빈치가 날틀을 도면으로 그렸으나 제작을 하지 못해 비행기를 발명하는데 실패했던 것처럼 상상을 도면으로 그리고 도면에 의해 만들지 못하면 발명품은 존재하지 못한다.

예를 들면, 조선시대 비거(날틀)는 대나무와 천을 결합하여 하늘을 날아가는 실험을 수없이 반복하여 진주성이나 임진왜란 때 사용했다는 기록이 있다. 이처럼 제작은 도면대로 완성되는 것이 아니라 만드는 과정에서 실험을 통해 완성된다. 따라서 실험과정에서 도면이 세부적으로 작성되고 수정 보완된다.

이처럼, 제작은 전체를 한 번에 만드는 것보다 부품제작 과정을 통해 여러 부품을 조합하여 완성하는 것이 좋다.

1단계 작업 → 비거(날틀) 제작은 대나무로 틀을 만드는 작업부터 시작한다.

2단계 작업 → 어느 크기로 대나무를 어떻게 결합할 것인가?

대나무 크기, 넓이 길이 등을 하나씩 만들어 조립하여 만든 틀에 어떻게 천을 부착 시킬 것인가? 방법을 찾고 실험을 통해 만든다.

3단계 작업 → 완성된 틀에 천을 붙여 날리는 실험이다.

조립된 비거를 하늘로 날리는 방법을 찾는다. 멀리 날아가도록 틀을 만들고 천을 이어 붙이면서 날아가는 비거(날틀)가 완성된다.

레오나르도 다빈치 날틀 스케치 (1505년 새들의 비행)

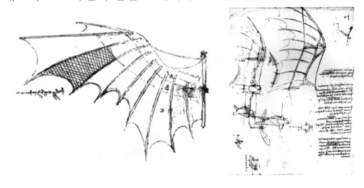

조선시대 비거(날틀) 제작(1445년)

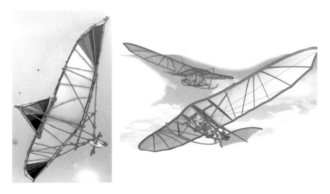

조선시대는 비거(날틀)를 제작하여 하늘을 날았다. 기록에 근거하여 제작한 실험으로 20M 높이에서 두 명을 태우고 73미터를 날았다.

PBL STEAM MAKER - 농기구 발명사례

고조선 때 호미, 괭이, 낫 등의 농기구를 어떻게 만들었을까?
PBL STEAM MAKER 3단계 과정으로 분석하였다.

1단계 희망사항 적기

주제선택	호미, 괭이, 낫 농기구
시나리오작성	간편하면서 잘 파지는 농기구 만들기

2단계 구체적으로 만드는 방법 찾기

발명요소	구체적 발명요소
Science	지렛대 원리적용(작은 힘 이용하기),무게 중심
Technology	힘들이지 않고 파는 방법, 잡기 편한 나무
Engineering	농기구 모양 설계, 낫 갈고리 모양
Art	각자에게 적합한 크기 굵기, 무게
Mathematics	한 번에 파기, 한 번에 당기기

시나리오를 기반으로 과학원리, 사용기술, 농기구 모양, 도면, 각기 다른 농기구 형태, 가볍고 튼튼하고 쉽게 사용가능한 농기구 만드는 5가지 구체적인 요소로 시나리오를 작성한다.

3단계 구체적으로 만들기(시행착오 경험)

도면작성	2단계 시나리오 설계
제작	나무 자루에 낫, 괭이 쇠 박기
완성	가볍고 튼튼한 농기구 완성

PBL STEAM MAKER – 신기전기 발명사례

신기전은 오늘날 K9자주포의 효시다. 어떻게 만들었을까?
PBL STEAM MAKER 3단계 과정으로 분석하였다.

1단계 희망사항 적기

주제선택	대량 발사 활(신기전) 다연발로켓
시나리오작성	한 번에 다수를 공격할 수 있는 활 만들기

2단계 구체적으로 만드는 방법 찾기

발명요소	구체적 발명요소
Science	화약 폭발로 인한 로켓(반작용)
Technology	화약비율, 폭발력 극대화, 발사 기술
Engineering	안전하게 날아가도록 날개 설계와 구조
Art	표준화작업, 대량생산체계 구축
Mathematics	정확한 사거리 측정, 조절 발사

시나리오를 기반으로 과학원리, 발사기술, 날개설계, 구조에 의한
반복 실험을 통한 표준화된 대량생산체계 구축, 2단, 3단 분리발사실
험으로 장거리 발사체를 개발한다.

3단계 구체적으로 만들기(시행착오 경험)

도면작성	거리에 비례한 설계도
제작	약통설계, 화약비율 조절, 안정날개, 발사대
완성	거리 조정에 따른 다연발 화살 발사대

2. 가감승제변 한국 발명사례

더하기 기법- 한국철강산업 제련기술

청동기 제련기술은 기존의 재료에 소재를 더하는 방법으로 구리 광석과 숯을 넣고 불을 지펴 구리를 얻는 방법과 구리 광석과 환원제를 함께 넣고 가열하여 순수한 구리를 얻는 방법으로 청동기 기술을 발달시켰다.

청동기 제련 기술이 발전하여 철강 산업의 기초가 되었다. 청동기와 철강은 사용되는 금속과 제련 과정에서 큰 차이가 있으나 기술적 연속성과 문화적 영향에서 연관성을 가지고 있다.

오늘날 한국의 철강산업을 주도하는 포스코는 고조선의 제련기술을 발전시켜 첨단기술로 세계 철강기업이 되었다. 제련기술과 철강기술이 결합되어 세계 첨단기술로 고급 철강재를 생산하며 자동차 및 조선용 강판, 에너지 산업 강판을 개발하고 있다.

고급 철강재는 자동차, 조선 등 고부가가치 산업에 필요한 고강도, 경량, 내부식성 강판 생산 기술력으로 세계 최고 수준으로 선진화된 생산 시스템과 자동화를 통해 생산성을 높여 원가 경쟁력을 확보하고 있다.

한국의 철강기술은 더하기 기법에 의하여 기존의 제조 방식에 인공
지능(AI), 빅데이터, 사물인터넷(IoT) 등 첨단 기술을 융합하여 생산
성을 높이고 품질을 향상시키는 스마트 철강기술로 발전하고 있다.

더하기 기법은 기존의 소재, 기능, 형태, 기술, 방법 등을 결합하는
방식으로 4차 산업혁명 정보를 결합하여 지속적으로 발전하고 있다.

빼기 기법 – K푸드, 한국타이어

기존에서 소재, 기능, 형태, 방법이나 기술, 디자인을 빼거나 축소시
키는 방법으로 K 푸드문화가 있다. 한국전통음식은 발효식품으로 새
로운 맛을 내거나 건강 개선, 면역력 증강, 항암 효과, 혈압 조절, 소
화 촉진 등의 다양하게 식품을 개선하고 장기간 보관하도록 만든 식품
이다.

발효는 미생물(주로 세균이나 곰팡이)이 유기물을 분해하여 에너지
를 얻는 빼기기법으로 소재에서 공기를 빼내어 형태를 축소시켜 장기
간 보관하게 만드는 기술이다. 발효식품은 미생물의 작용으로 원료의
성분이 분해되거나 변화되어 새로운 맛과 향을 지니는 식품으로 우주
식품으로 개발되고 있다.

세계적으로 발효식품은 이어져 오고 있다. 한국전통 발효식품과 세
계 발효식품을 비교한다.

《발효식품의 종류별 주요 효능》
- 김치: 장 건강 개선, 면역력 증강, 항암 효과
- 된장: 장 건강 개선, 골다공증 예방, 항산화 작용
- 간장: 혈압 조절, 소화 촉진

- 요구르트: 장 건강 개선, 면역력 증강, 칼슘 흡수 촉진
- 치즈: 칼슘 공급, 면역력 증강, 뼈 건강
- 맥주, 와인: 심혈관 질환 예방, 항산화 작용

한국타이어는 빼기기법으로 소재에서 가장 중요한 것을 빼는 방법으로 타이어에서 공기 튜브를 빼어 튜브 없는 타이어(튜브리스 타이어)로 세계적 기업으로 기술력을 인정받고 있다. 빼기기법은 식생활을 비롯한 생활전반에서 발명기법으로 이어져 오고 있다.

곱하기 기법 – 방산산업 융합기술
곱하기 기법은 융합방법이다.

세계최초 다연발로켓 신기전의 발명은 한국방산산업의 시작이었다. 신기전은 화살과 화살을 융합하여 만든 다연발 시스템으로 오늘날 K9 자주포로 발전했다.

신기전과 화차의 융합
신기전은 화차라는 발사대와 결합하여 더욱 강력한 화력을 발휘했다. 화차는 발사 각도 조절이 가능하여 사거리와 정확도를 높였다. 신기전은 화살을 발사하는 것이고 화차는 신기전을 신속하게 이동시키는 것으로 두 개가 결합하여 이동 발사대로 강력한 화력을 가진 세계최초의 다연발 로켓이었다.

지속적인 자주포 개발
K9자주포 개발의 기반이 된 자주포로, 155mm 곡사포를 장착한 K55자주포를 개발하였고 K9자주포의 성능을 개량하여 더욱 강력한

화력과 정확도를 가진 차세대 자주포 K9A1을 개발했다.

선진 항공기술과 융합한 항공기 개발

조선시대 비거(날틀)를 개발하여 사용했던 한국항공산업도 선진 항공기술과 융합하여 FA-50 경공격기를 비롯하여 첨단기술에 의한 초음속 KF-21 보라매 등 다양한 항공기를 개발하고 생산하고 있다.

한국은 자주포 개발 분야에서 세계적인 수준의 기술력을 보유하고 있으며, 다양한 종류의 자주포를 운용하고 있다. 한국의 자주포 개발, 항공기 기술은 더욱 발전하여 세계적인 방산 시장을 선도 할 것이다.

나누기 기법 – 한국반도체 나노기술

공간을 쪼개고 포개고 덮치고 겹쳐서 기능성, 효율성, 생산성을 최대화시키는 것이 나누기 기법에 의한 반도체산업이다.

어떻게 얼마나 쪼개고 포개고 덮치고 겹치는가의 방법에 따라서 기능성과 효율성, 생산성이 결정되며 첨단기술로 평가받는다.

고조선시대 다뉴세문경에 새겨진 디자인을 어떤 방법으로 했는가는 미스터리로 고도의 과학기술이 발달된 지금도 디자이너들의 교과서처럼 사용되고 있는 것은 한국인의 창조성과 손재주, 디자인 감각에 대한 놀라움이다. 고도의 장비가 없던 시대에 어떤 방법으로 그렸는지 알 수는 없지만 정교함이 뛰어나다.

삼성반도체가 일본 하청공장이었지만 세계최초의 메모리 반도체를 발명하면서 오늘날 세계 최고의 반도체기업이 된 비결이 고조선부터 이어져 내려오는 한국인의 손재주와 디자인 감각이다.

한국은 나노소재개발에서 나노기술을 이용한 바이오, 에너지, 환경 분야에 선도국가다. 고성능 반도체, 디스플레이, 에너지 저장 소재 등의 나노 소재 개발과 나노 기술을 기반으로 한 차세대 반도체, 메모리 소자 개발, 질병 진단 및 치료 기술 개발, 신약 개발을 비롯하여 태양전지, 연료전지 등 신재생 에너지 소재 및 시스템 개발과 환경오염 물질 제거, 수질 정화 등 환경 문제 해결을 위한 나노 기술 개발을 선도하고 있다.

인공지능, 빅데이터, 사물인터넷 등 4차 산업혁명 핵심 기술을 융합한 신산업 창출을 하고 있으며 나노 기술을 이용한 정밀 의료, 맞춤형 치료 등 개인 맞춤형 의료 서비스 제공을 나노과학기술대학원을 중심으로 연구 개발하고 있다.

바꾸기 기법 – 현대조선산업 조선기술

세계최초 함선 거북선은 판옥선을 개조한 바꾸기 기술의 발명이었다. 배에서 갑판은 중요하다. 선원들의 활동공간으로 갑판은 다양한 용도로 사용된다. 이순신은 갑판의 활용공간을 폐쇄하고 철판 뚜껑으로 덮었다. 기존 상식과 관행, 용도를 뒤집은 발상으로 판옥선을 공격선으로 만들었다.

조선기술은 재질 특성의 이용과 설계가 중요하다.

한국 조선기술의 고대 목조 선박은 소나무는 강도가 높고 가공이 쉬워 선박의 기본 구조를 이루는 적합선체의 주요 골격 마스트, 돛대 등에 사용했고, 참나무는 단단하고 무늬가 아름다워 고급 선박의 외장재로 선체의 외부 판재, 선측, 갑판 등에, 느릅나무는 결이 곱고 매끄러워 작업하기 쉽고, 내마모성이 뛰어나 선실 내부재, 선실 바닥재로 사용했으며 팽나무는 단단하고 질겨 충격에 강해 닻이나 노를 만들었고 밤나무는 단단하고 질겨 목재 연결 부위를 튼튼하게 고정하는데 사용했다. 각기 다른 특성을 극대화시키는 창의적 사고력에서 창출되었다.

나무에서 철로 바뀐 조선 산업

나무를 다루던 목수에서 철을 용접하는 용접공으로 조선 기술이 바뀌었다. 필자가 조선소 용접공을 대상으로 용접봉과 용접기술 아이디어로 특허 등록하는 방법을 교육한 적이 있다. 당시에 어떤 재질의 용접봉이 용접에 용이하고 공기를 최소화 시키는가, 어떤 자세에서 어떤 방법으로 용접을 해야 하는가를 토론을 통해 PBL교육을 진행하면서 우수한 용접 경험을 특허로 등록하기도 하였다.

당시 아이디어를 제안하는 사람들은 기존의 틀을 깨고 다른 각도에서 실패했던 경험을 나누며 문제를 해결했다.

바꾸기 기법의 한국조선 기술

판옥선 갑판을 덮어 공격선으로 바꾸었던 바꾸기 기술에 의한 한국 조선 기술은 세계적 수준의 기술력으로 신장했다.

한국은 세계 최대 규모의 상선을 건조할 수 있는 기술력을 보유하면서 LNG 운반선, 초대형 컨테이너선 등 고부가가치 선박 건조 기술도 세계를 선도하고 있다.

IT강국의 특성을 이용해 디지털 기술을 활용해 선박운항의 효율성을 높이고 안전성을 확보하는 스마트십 기술을 개발하고 있으며 국제해사기구(IMO) 환경규제에 선제적 대응으로 LNG 연료 추진선, 하이

브리드 선박 등 친환경 선박 건조 기술을 개발하고 있다.

바꾸기 기법에 의한 다양한 기술개발은 기존의 조건이나 틀을 깬 새로운 발상이고 환경변화에 따른 사고력의 변화다. 이러한 창의적 사고는 대량 생산 시스템과 자동화 기술을 통해 단기간에 고품질의 선박을 건조하는 탁월한 생산성을 확보했다.

융합적 바꾸기 기법의 장영실 발명사례

천문학과 기계공학의 융합 : 앙부일구, 자격루 등의 천문 관측 기기들은 하늘의 운행을 정확하게 측정하는 천문학적 지식과 이를 구현하기 위한 정교한 기계 기술이 결합된 STEAM 발명이다.

수학과 기계공학의 융합: 시간을 정확하게 측정하기 위해서는 정교한 수학적 계산이 필요하다. 장영실의 발명품들은 이러한 수학적 원리를 기반으로 STEAM 요소로 설계된 발명품이다.

그릇을 만드는 곱하기 나누기 기법

생활이 발달하면서 먹는 음식을 담거나 요리할 때 필요한 그릇을 만들기 위해 돌이나 흙을 이용했다. 돌도끼를 사용하듯이 주변에서 움푹 파인 돌을 선택하거나 필요한 그릇을 만들기 위해 흙을 빚어 굽는 방법은 단순히 더하고 빼는 방법이고 물로 흙을 빚는 방법이나 불로 흙을 굽는 것은 곱하기 방법이다.

두가지를 단순히 더하는 방법에서 여러 가지를 결합하여 새로운 형태로 만드는 곱하기 방법은 인류 문명을 급속하게 발달시켰다.

도자기는 곱하고 나누는 방법으로 다양한 형태와 무늬로 만들었다.

백색, 갈색, 청색 등의 다양한 색상으로 만들기도 하고 길쭉한 형태의 병이나 넓죽한 그릇 등으로 만들었다. 이처럼 다양한 형태로 만드는 것은 공간을 나누는 방법이다.

어떤 재료로 그릇을 만들 것인가?

재료를 선택하여 가공하는 것이 곱하기 방법이고 어떤 용도로 사용할 것인가의 형태를 구분하는 것이 나누기 방법이다.

단순한 더하기 빼기 방법에서 발전한 곱하고 나누는 방법은 인류 발명을 급속하게 발달시켰다. 곱하고 나누는 방법은 첨단기술로 발달했고 더하고 빼는 방법은 일상에서 누구나 쉽게 발명하는 방법으로 일상화 되었다.

더하고 빼고 곱하고 나누는 방법에서 바꾸기 방법으로 발달한 발명은 신소재, 신기술을 만드는 첨단기술로 발달했다. 바꾸기 방법은 기존에 존재하지 않는 것을 만들거나 아직까지 발견하지 못한 물질을 찾아내는 방법으로 새로운 것을 만들고 있다.

인류 문명의 고도화는 발명 방법의 진화에서 만들어지고 있다. 첨단기술은 STEAM 요소에 의한 바꾸기 발명의 결과물이다.

한국 스마트폰의 가감승제변 발명사례

한국은 세계 최초로 온디바이스 AI를 적용한 스마트폰을 출시하며 기술력을 평가 받고 있다. 하드웨어나 소프트웨어 기술에서 더하고 빼고 곱하고 나누고 바꾸는 방법으로 세계최고의 기술력을 창출하고 있다.

스마트 폰을 발달시킨 가감승제변 사례는 다음과 같다.

① 더하기 기법: 세라믹 등의 강한 소재로 내구성 높이고 다양한 기능을 더하는 방법으로 카메라 해상도 향상 및 배터리 용량 증가, 펜 기능 추가
② 빼기 기법: 불필요한 소재 줄이고 무게 최적화, 베젤을 줄이고 디스플레이를 확장하여 스마트폰의 두께를 얇게, 불필요한 앱 삭제, 물리 버튼 최소화
③ 곱하기 기법: 카메라 기능을 확산시켜 사진 및 영상 촬영 기능화면 크기 확대, 저장 공간 증가, 다중 작업 기능 강화
④ 나누기 기법: 지문 인식, 얼굴 인식 등 생체 인증, 심박수 센서, 산소 포화도 센서 등의 나노기술 활용
⑤ 바꾸기 기법: 폴더블, 롤러블 디스플레이 등 새로운 형태의 디스플레이, 핸드폰에서 안경이나 시계 등의 다양한 형태로 바뀌고 있다. 단순한 스마트 기능에서 플렉시블 디스플레이 적용, 새로운 운영체제 도입, 웨어러블 기기, 게임, 의료, 교육 등과 다양하게 연동하여 새로운 스마트 폰 시장을 개척하고 있다.

이처럼 더하고 빼고 곱하고 나누고 바꾸는 방법으로 새로운 발명품은 지속적으로 개발되고 있으며 첨단기술로 신소재, 신물질, 신상품을 발명하고 있다.

참고문헌

한국의 청동기 및 철기 기술체계에 관한 고고금속학적 연구한국의 배 –
위키백과, 우리 모두의 백과사전 (wikipedia.org)
TQ창의력개발원 –tqidea.co.kr
TQ창의성교육법 – 강충인 해왕출판
아이디어창출백과 – 강충인 홍문관
4차 산업혁명 지식재산권법 – 강충인 지식공감
한국형 STEAM이론과 실제 – 강충인 과학사랑
PBL STEAM MAKER – 강충인 동천
Pin page 95420085851124252 – 이집트 낫
https://kr.123rf.com/photo_1445822
네이버 지식백과
우리역사넷 http://contents.history.go.kr/

감수자

이종호
과학국가 박사, 과학기술처 해외유치 과학자
한국과학저술인협회 회장, 140권 저술

왕연중
한국발명진흥회 이사, 영동대학교 발명특허학과 교수
한국발명문화교육연구소 소장 137권 저술

최종영
미국PPU대학교 교수, 한국STEAM협회 교수, PBL센터 교수